北美典型页岩油气藏开发特征丛书

Barnett 页岩气藏开发特征

于荣泽　张晓伟　高金亮　康莉霞　等著

U0343860

石油工业出版社

内容提要

　　本书对北美 Barnett 页岩气藏截至 2020 年底完钻投产的 21000 余口页岩气井进行了系统全面分析。通过派生水垂比、平均段间距、加砂强度、用液强度、建井周期、百米段长压裂成本、单段压裂成本、砂液比、钻完井成本占单井钻压成本比例、压裂成本占单井钻压成本比例、单井页岩油最终可采储量占比、单井页岩气最终储量占比、百米段长产油当量、百吨砂量产油当量、单位钻压成本产油当量等标准指标阐述该页岩气藏开发特征和技术发展趋势。基于页岩气藏开发特征数据，对水平段长、测深、水垂比、平均段间距和加砂强度等关键开发技术政策进行了分析论述。

　　本书适合从事页岩油气勘探开发的技术人员参考阅读，也可供相关专业高等院校师生参考使用。

图书在版编目（CIP）数据

　　Barnett 页岩气藏开发特征 / 于荣泽等著 . —北京：石油工业出版社，2023.8
　　（北美典型页岩油气藏开发特征丛书）
　　ISBN 978-7-5183-6147-2

　　Ⅰ . ① B… Ⅱ . ① 于… Ⅲ . ① 油页岩 – 油气田开发 –研究 Ⅳ . ① P618.130.8

　　中国国家版本馆 CIP 数据核字（2023）第 135992 号

出版发行：石油工业出版社
　　　　　（北京安定门外安华里 2 区 1 号　100011）
　　　　　网　　址：www.petropub.com
　　　　　编辑部：（010）64523537　　图书营销中心：（010）64523633
经　　销：全国新华书店
印　　刷：北京中石油彩色印刷有限责任公司

2023 年 8 月第 1 版　2023 年 8 月第 1 次印刷
787×1092 毫米　开本：1/16　印张：11.25
字数：240 千字

定价：95.00 元
（如出现印装质量问题，我社图书营销中心负责调换）

《Barnett 页岩气藏开发特征》
编 写 组

组　长：于荣泽

副组长：张晓伟　　高金亮　　康莉霞　　董大忠　　时付更

　　　　胡志明　　郭　为　　王玫珠　　孙玉平　　端祥刚

成　员：赵素平　　王　莉　　梁萍萍　　李俏静　　刘华林

　　　　操　旭　　刘钰洋　　刘　丹　　常　进　　赵　洋

　　　　武　瑾　　张　琴　　吴振凯　　刘翰林　　王博扬

　　　　胡云鹏　　俞霁晨　　邵艳伟　　宋梦馨　　李团俊

　　　　王高成　　王莹莹　　卞亚南　　方　圆　　程　峰

　　　　华　蓓　　申端明　　黄小青　　袁晓俊

序

　　油气工业勘探开发领域正快速从占油气资源总量 20% 的常规油气向占油气资源总量 80% 的非常规油气延伸。非常规油气用传统技术无法获得工业产量，需要有效改善储层渗透率或流体黏度等新兴技术才能经济有效规模开采。继油砂、油页岩、致密气和煤层气等非常规油气资源规模有效开发后，借助水平井钻完井、体积压裂、工厂化作业等核心技术突破，页岩油气实现了规模有效开发并在全球范围内掀起了一场"黑色页岩革命"。页岩油气的规模有效开发具有三大战略意义：一是大幅延长了世界石油工业生命周期、突破了传统资源禁区；二是引发了油气工业科技革命，促进整个石油工业理论技术升级换代；三是推动了全球油气储量和产量跨越式增长，改变了全球能源战略格局。

　　我国非常规油气也取得了战略性突破，目前以四川盆地为重点，实现了海相页岩气规模有效开发。国内页岩气规模开发经历了合作借鉴、自主探索和工业化开发三大阶段。通过引进、吸收和自主创新，实现了海相页岩气直井、水平井、"工厂化"平台井组和"工厂化"作业跨越发展。以四川盆地埋深 3500m 以浅海相页岩为重点，2020 年全国累计探明页岩气储量超 $2.0 \times 10^{12} \mathrm{m}^3$，实现页岩气产量 $200 \times 10^8 \mathrm{m}^3$，其中中国石油在川西南长宁、威远和昭通等区块实现页岩气产量 $116 \times 10^8 \mathrm{m}^3$，中国石化在川东涪陵、川南威荣等区块实现页岩气产量 $84 \times 10^8 \mathrm{m}^3$。我国已成为除美国、加拿大之外最大的页岩气生产国，页岩气也成为未来中国天然气增储上产的重要组成部分。

　　北美页岩油气资源丰富，开采条件优厚，在页岩油气理论、关键工程技术、作业管理模式等方面持续创新发展。美国能源信息署（EIA）数据显示，2020 年美国页岩气产量为 $7330 \times 10^8 \mathrm{m}^3$，占其天然气总产量约 80%，致密油 / 页岩油产量 $3.5 \times 10^8 \mathrm{t}$，占其原油总产量比例超 50%。北美页岩油气产量快速增长的同时也积累了海量油气井数据，可为我国页岩油气开发和学习曲线的建立提供参考借鉴。因此，系统剖析北美典型页岩油气开发特征必将有助于我国页岩油气勘探开发快速发展，促进页岩油气勘探开发理论技术进步，实现页岩油气产量快速增长。

《北美典型页岩油气藏开发特征丛书》共六册，分别为《Marcellus 页岩气藏开发特征》《Haynesville 深层页岩气藏开发特征》《Eagle Ford 深层页岩油气藏开发特征》《Barnett 页岩气藏开发特征》《Utica 页岩油气藏开发特征》和《Austin Chalk 致密油气藏开发特征》。丛书对近 70000 口页岩油气井开发数据进行全面分析，信息涵盖水平井钻完井、分段压裂、生产动态、开发指标、开发成本及开发技术政策等。丛书作者由中国石油勘探开发研究院一直从事页岩油气开发的专业技术人员组成，丛书覆盖北美地区已开发典型页岩油气藏开发特征，类型包括浅层常压、中深层常压、中深层超压、深层超压和超深层页岩油气藏；数据分析系统全面，涉及钻完井、分段压裂、生产动态及开发成本全业务流程；依托海量数据派生系列关键指标体系，多维度总结开发特征及发展趋势。

　　《北美典型页岩油气藏开发特征丛书》信息全面、资料详实、内容丰富，涵盖页岩油气开发工程全业务流程。我国页岩油气勘探开发进入了新阶段，重点转向海相深层和非海相页岩油气资源，相信《北美典型页岩油气藏开发特征丛书》的出版可为我国页岩油气资源的规模高效开发起到积极的推动作用。

中国科学院院士

丛书前言

页岩一般指层状纹理较为发育的泥岩，主要类型有硅质泥岩、灰质白云质泥岩、生屑质泥岩等。按照沉积学的理论，页岩主要发育在水体较深，且比较安静的还原环境，如深水陆棚、大型湖盆中央等，往往富含有机质。通常都具页状或薄片状层理，其中混有石英、长石的碎屑以及其他化学物质。根据其混入物成分可分为钙质页岩、铁质页岩、硅质页岩、碳质页岩、黑色页岩、油母页岩等。其中铁质页岩可能成为铁矿石，油母页岩可以提炼石油，黑色页岩可以作为石油的指示地层。页岩形成于静水的环境中，泥沙经过长时间的沉积，所以经常存在于湖泊、河流三角洲地带，在海洋大陆架中也有页岩形成，页岩中也经常含有古代动植物的化石。

页岩油气是指富集在富有机质黑色页岩地层中的石油天然气，油气基本未经历运移过程，不受圈闭的控制，主体上为自生自储、大面积连续分布。页岩油气藏属于典型低孔极低渗油气藏，基本无自然产能，通常需要大规模储层压裂改造才能获得工业油气流。页岩油气藏基本特征包括：（1）页岩本身既是烃源岩又是储层，即自生自储型油气藏；（2）储层大面积连续分布，资源潜力大；（3）页岩储层具备低孔隙度和极低渗透率特征；（4）裂缝发育程度是页岩油气运移聚集经济开采的主要控制因素之一；（5）气井几乎无自然产能，通常需要大规模水力压裂措施才能获得工业油气流；（6）开发投资大、开采周期长，投资回收期长。

美国率先实现了页岩油气规模开发，在页岩气勘探开发理论认识、关键工程技术装备、管理模式等方面不断创新发展，在全球范围内掀起了一场"页岩油气革命"，带动了产业飞速发展。美国页岩油气也成为全球油气产量增长的主要领域，推动美国实现了能源独立。页岩油气革命突破了传统油气勘探理念，其内涵包括科技革命、管理革命、战略革命。科技革命以"连续型"油气聚集理论、水平井"平台化"开采技术为标志，将资源视野由单一资源类型扩展到烃源岩系统。管理革命实现将按圈闭部署开发扩展到按资源量体裁衣，低成本高效运行。战略革命将区域性能源影响扩展到全球性能源战略，助推美国实现能源独立。页岩油气革命的发展影响全球战略，重塑国际能源新版图。

美国最早实现了页岩油气资源的规模勘探开发，其境内发育多个页岩层系、分布范围广、页岩油气资源丰富。目前已经对本土 48 个州境内 40 多套页岩层系开展了勘探开发工作，已经规模开发的页岩油气藏包括 Antrim、Bakken、Barnett、Eagle Ford、Fayetteville、Haynesville、Marcellus、Utica、Woodford 等。已开发页岩油气藏从垂深上涵盖浅层、中深层和深层，从地层压力特征涵盖常压和超压页岩油气藏。页岩油气产量快速增长的同时也积累了海量页岩油气井开发数据，可为同类型页岩油气藏开发提供价值信息及学习曲线。《北美典型页岩油气藏开发特征丛书》共包含六册，分别为《Marcellus 页岩气藏开发特征》《Haynesville 深层页岩气藏开发特征》《Eagle Ford 页岩油气藏开发特征》《Barnett 页岩气藏开发特征》《Utica 页岩油气藏开发特征》《Austin Chalk 致密油气藏开发特征》。其中 Marcellus 为巨型常压页岩气藏，垂深覆盖浅层和中深层。Haynesville 为典型深层超压页岩气藏，垂深覆盖中深层、深层和超深层。Eagle Ford 为深层超压页岩油气藏，垂深覆盖中深层和深层。Barnett 为常压页岩气藏，垂深覆盖浅层和中深层。Utica 为超压页岩油气藏，垂深覆盖中深层和深层。Austin Chalk 为深层超压致密油气藏，垂深覆盖中深层和深层。

丛书内容主要包括气藏概况、气藏特征、水平井钻完井、水平井分段压裂、开发指标、开发成本、开发技术政策和展望，基本涵盖了浅层常压、中深层常压、中深层超压和深层超压页岩油气藏的工程参数及开发指标，可为科研院所、油气公司等从事页岩油气研究的科研人员提供参考借鉴。丛书由中国石油勘探开发研究院一直从事页岩油气开发的专业技术人员编写。

本书在页岩油气藏概况及特征内容中引用了大量北美页岩油气勘探开发研究成果。丛书编写过程中难免有不足之处，敬请读者批评指正。

前　言

随着全球对清洁能源需求的持续扩大，天然气需求快速增长。油气勘探开发领域从占油气资源总量 20% 的常规油气向占油气资源总量 80% 的非常规油气延伸。非常规油气资源主要包括油页岩、油砂矿、煤层气、页岩气、致密气、水合物等。近年来，继油砂、致密气和煤层气之后，美国、中国、加拿大及阿根廷等国家也陆续实现了页岩气的商业开发。水平井钻完井和分段压裂技术的进步及规模应用，使得美国率先在多个盆地实现了页岩气商业性开采，在能源领域掀起了一场全球范围内的"页岩油气革命"。"页岩油气革命"延长了世界石油工业生命周期、助推了全球油气储量和产量增长、影响着各国能源战略格局。中国页岩气资源丰富，可采资源量高达 $12.85 \times 10^{12} \mathrm{m}^3$，具有广阔的勘探开发前景。目前在四川盆地及周缘上奥陶统五峰组—下志留统龙马溪组海相页岩成功实现页岩气商业开发，2020 年页岩气产量达到 $200 \times 10^8 \mathrm{m}^3$。

Barnett 页岩主要发育于美国得克萨斯州 Fort Worth 盆地、二叠盆地，展布面积约 $13000 \mathrm{km}^2$，埋深为 $1980 \sim 2591 \mathrm{m}$，厚度为 $30 \sim 180 \mathrm{m}$，技术可采资源量为 $7362 \times 10^8 \mathrm{m}^3$。Barnett 页岩气田是美国最早开发的页岩气田，2010 年之前也一直是美国最大的页岩气田，气田埋深浅，以常压为主。

Barnett 页岩气开发始于 1981 年，米歇尔能源开发公司在 Fort Worth 盆地东北部钻探，率先钻探 C.W.Slay 1 井，在 Barnett 页岩中发现了 Newerk East 气田。1998 年开始，大型滑溜水压裂技术的应用大幅度降低了页岩气开发成本，有效提升了单井产量，钻井数量迅速增加。2011 年产量达到 $466 \times 10^8 \mathrm{m}^3$，成为美国第二大页岩气田。Barnett 页岩在美国页岩气开发过程中具有代表性意义，其开发历程可以分为五个主要阶段：（1）现代页岩气开发初始阶段（1981—1985 年）；（2）大型水力压裂阶段（1986—1997 年）；（3）清水压裂阶段（1998 年至今）；（4）重复压裂阶段（1999 年至今）；（5）同步压裂阶段（2006 年至今）。美国页岩气工业从 Barnett 页岩开始向其他层系及盆地扩展，掀起了世界范围内的页岩气开发热潮。

本书内容共分为八章，针对 Barnett 页岩气藏 21000 余口井进行了深入系统分析，每个章节针对具体内容进行了丰富详实的论述，对页岩气勘探开发研究具有一定的参考价值。

　　衷心祝愿本书能够为科研院所、高校、油气公司等从事页岩气勘探开发及相关研究人员提供参考。本书中难免有不足之处，敬请读者批评指正。

目　录

第 1 章　Barnett 页岩气藏概况

1.1　气藏简介

Barnett 页岩气田是美国最早开发的页岩气田，2010 年之前也一直是美国最大的页岩气田，气田埋深浅，核心区埋深 1982～2592m，以常压为主。Barnett 页岩气田位于美国得克萨斯州中北部的 Fort Worth 盆地（图 1-1），主要目的层为密西西比系 Barnett 页岩，埋深为 1980～2591m，厚度为 30～180m，总有机碳含量（TOC）为 4%～5%，镜质组反射率（R_o）值为 0.8%～1.4%，总孔隙度为 4%～5%，技术可采资源量为 $7362 \times 10^8 \mathrm{m}^3$。气田总面积为 15500km^2，其中核心区面积达 5000km^2，页岩厚度为 100～230m；外围区面积为 10500km^2，页岩厚度超过 30m。

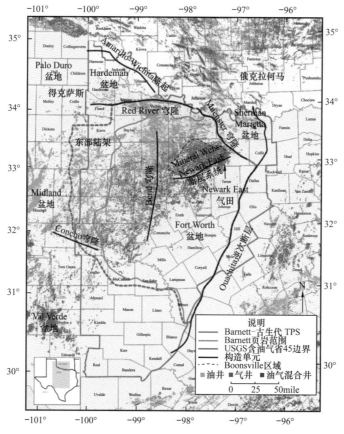

图 1-1　Barnett 页岩位置及区域构造形态示意图（IHS 能源）

1981 年，米歇尔能源开发公司率先在 Barnett 页岩中钻探了第一批评价井，前 33 口井都没有达到经济产量。先后使用高能气体压裂、泡沫压裂和冻胶压裂等进行储层改造，效果均不理想。1997 年，由于大型滑溜水压裂技术的应用大幅度降低了开发成本、有效提升了单井产量，使直井商业开发成为可能。2003 年开始，随着水平井技术和直井重复压裂技术的应用，单井产量进一步提高。2004 年，水平井多段压裂技术成熟并迅速推广，使外围区页岩气获得有效开发。2008 年"工厂化"作业模式的广泛应用，进一步降低了开发成本，气田产量快速攀升。2011 年产量达到 $466 \times 10^8 \text{m}^3$，Barnett 页岩气田成为美国第二大页岩气田。2016 年产量为 $330 \times 10^8 \text{m}^3$，为美国第五大页岩气田。

1.2 开发现状

1.2.1 页岩气井分布情况

截至 2021 年 11 月，Barnett 盆地共有 42697 口页岩气井，覆盖 24 个县，主要集中在东得克萨斯州和达拉斯城周围的 5 个县（图 1-2）。在 Barnett 盆地中，水平井所占的比重较大，值得注意的是直井在 Barnett 盆地早期开发中扮演着重要的角色。

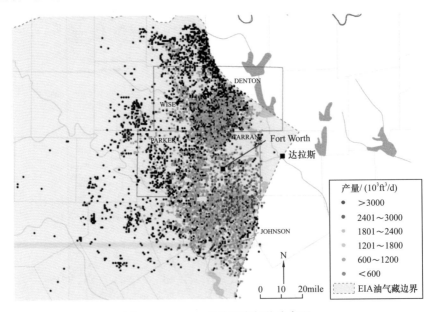

图 1-2　Barnett 盆地页岩气井分布图

1.2.2 页岩气年钻井数量

Barnett 盆地是美国具有代表性页岩气产区，随着该区块页岩气勘探开发的不断成熟，该区块页岩气钻井数量大体呈现下降趋势，2018 年钻井数量达到最高的 6523 口，之后呈现持续下降，2020 年，钻井规模为 2922 口。2021 年，复苏比较强劲（图 1-3）。

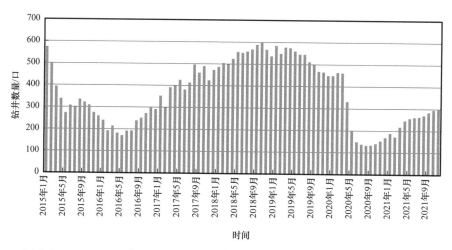

图 1-3 2015—2021 年 11 月 Barnett 盆地页岩气钻井数量统计（数据来源：EIA）

1.2.3 页岩气累计钻井数量

2017—2019 年，Barnett 盆地页岩气井数量的增长速度较为迅猛，同比增长率在 20% 以上。2020 年以后 Barnett 盆地页岩气井数量增长速度放缓，同比增长率低于 7.4%（图 1-4）。从同比增长率的走势来看，2016—2019 年呈上升趋势，2019—2020 年大幅下降。主要原因是 2020 年，Barnett 盆地开始应用水平井套管完井及分段压裂技术，且受疫情影响，钻井活动降低。2021 年 1—11 月，钻井数为 2753 口。

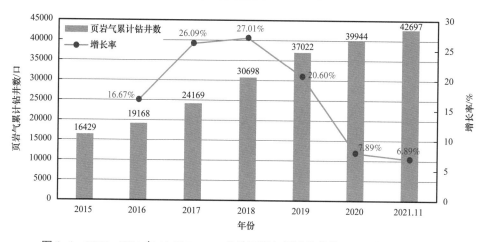

图 1-4 2015—2021 年 11 月 Barnett 盆地页岩气累计钻井数量（数据来源：EIA）

1.2.4 页岩气产量数据

Barnett 页岩气田是美国最早进行页岩气商业开发、且开发最成功的区域。但是从 2012 年开始，该区块的页岩气产量不断下滑，主要受到区块储量不断下滑，区块页岩气资源不断减少的影响（图 1-5）。截至 2021 年，页岩气产量为 $194 \times 10^8 m^3$。

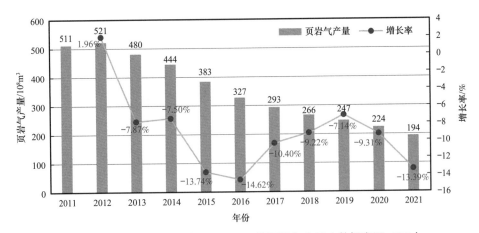

图 1-5　2011—2021 年美国 Barnett 区块页岩气产量（数据来源：EIA）

第2章 Barnett 页岩气藏地质特征

2.1 构造特征

Barnett 页岩所处的 Fort Worth 盆地是晚古生代 Ouachita 造山运动形成的几个弧后前陆盆地之一，盆地东部边界为 Ouachita 逆冲褶皱带，北部边界是基底边界断层控制的 Red River 背斜和 Muenster 背斜，西部边界为 Bend 背斜、东部为陆棚等一系列坡度较缓的正向构造，南部边界为 Llano 隆起（图 2-1）。

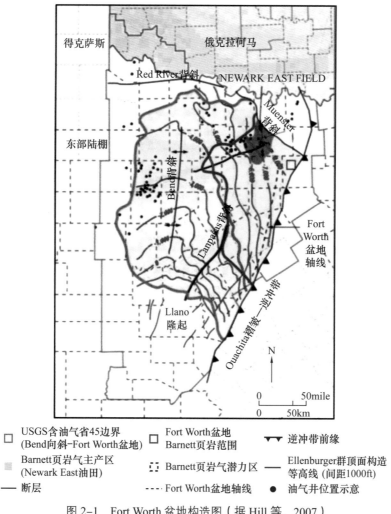

图 2-1 Fort Worth 盆地构造图（据 Hill 等，2007）

・5・

Fort Worth 盆地是一个楔状坳陷盆地，向北逐渐变深（图 2-2）。盆地的轴线大致与组成盆地北部—东北部边界的 Muenster 穹隆平行，然后向南弯曲，与 Ouachita 构造带前缘平行。在宾夕法尼亚早期和中期，Ouachita 褶皱带向东隆升成构造脊线及由此形成的盆地边界反向向西和西北方向偏移（Tai，1979）。Red River 和 Muenster 背斜形成了盆地的北部边界。

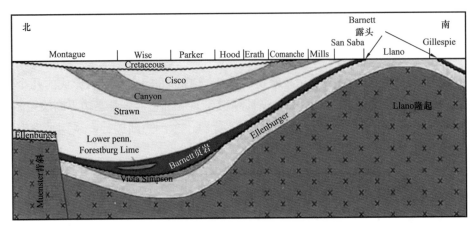

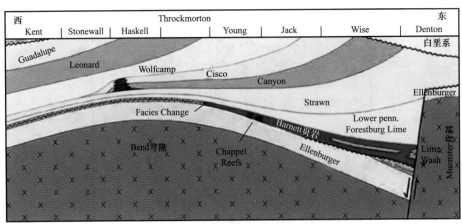

图 2-2　Fort Worth 盆地 N-S 向及 E-W 向地层剖面示意图

盆地内和盆地周缘大型构造的形成与 Ouachita 冲断有关。Muenster 及 Red River 背斜（前寒武纪—寒武纪）在 Ouachita 造山运动时期重新活动。基底断层控制了两个背斜的南部边界（Flawn 等，1961；Montgomery 等，2005）。Muenster 背斜翼部断层呈南西走向，断距为 1520m。Bend 背斜南北向展布，西部为盆地边界。从中奥陶纪至早宾夕法尼亚纪，该背斜周期性升降形成几个不整合面（Flippen，1982；Pollastro 等，2003）。

盆地发育不同方位的高角度地堑（与 Ouachita 冲断前缘、Llano 抬升及 Mineral Wells 断层有关）及沿盆地东部边缘发育的规模较小冲断褶皱（Walper，1982；Montgomery 等，2005）。断层及局部下沉与 Ellenburger 组顶部的喀斯特及溶蚀垮塌现象有关（Gale 等，2007）。

Fort Worth 盆地古生界根据构造演化历史可大致分为 3 段：（1）寒武系—上奥陶统，为被动大陆边缘的地台沉积，包括 Riley-Wilberns 组、Ellenburger 组、Viola 组和 Simpson 组；（2）中上密西西比统，为沿俄克拉何马拗拉槽构造运动产生沉降过程的早期沉积，包括 Chappel 组、Barnett 页岩组和 Marble Falls 组下段；（3）宾夕法尼亚系，代表了与 Ouachita 逆冲褶皱带前缘推进有关的主要沉降过程和盆地充填（主要是陆源碎屑充填），包括 Marble Falls 组上段和 Atoka 组等。

2.2　地层特征

Fort Worth 盆地发育的地层主要有寒武系、奥陶系、密西西比系、宾夕法尼亚系、二叠系和白垩系，Fort Worth 盆地缺失志留系和泥盆系。

盆地地层中，下古生界厚 1220～1520m，主要包括奥陶系 Ellenburger 群碳酸盐岩；宾夕法尼亚系厚 1830～2130m，主要为碎屑岩和碳酸盐岩。盆地南部和东部的绝大部分被薄层的白垩系所覆盖。在 Llano 隆起的侧翼露头上可见 Ellenburger 群顶部，其在盆地的东北部埋深大于 2750m。

Barnett 页岩及近岸对应的 Chappel 石灰岩沉积于 Laurussian 大陆，经历了中古生代长期的暴露和岩溶作用（Kier 等，1980）。Barnett 页岩地层与下伏的下古生界 Ellenburger 群 Simpson 群、Viola 石灰岩，呈不整合接触。下古生界 Ellenburger 群和 Simpson 群以及 Viola 石灰岩目前仅在盆地东北部可见（Bowker，2002、2003）。Barnett 页岩底部的不整合面在地质年代上持续了 1 亿年（Loucks 和 Ruppel，2007）。Barnett 页岩之上为下宾夕法尼亚统（Morrowan 阶）Marble Falls 组（Kier 等，1980；Henry，1982），两者呈整合接触关系。

在 Wise 县及周边地区，Barnett 页岩被划分为三个地层单元：上部页岩段、中部石灰岩段、下部页岩段（Bowker，2003）。Henry（1982）将中部石灰岩段命名为 Forestburg 石灰岩，并认为这段石灰岩是上覆于 Barnett 页岩的一个独立的地层单元。然而，后来的研究者却认为，下部紧接 Forestburg 石灰岩、上部为典型 Marble Falls 组碳酸盐岩和低放射性页岩的深色高度放射性页岩是 Barnett 页岩的一部分。Bowker（2003）Montgomery 等（2005）以及 Pollastro（2007）指出，在东部 Jack 县和南部 Wise 县以及 Denton，Forestburg 石灰岩向西部和南部迅速减薄并尖灭。Loucks 和 Ruppel（2007）表示 Forestburg 石灰岩在分布上要广泛得多。

在盆地范围内，Barnett 页岩从北东向南西减薄。在 Newark East 气田，上部 Barnett 页岩厚 150ft[1]，Forestburg 石灰岩厚 200ft，下部 Barnett 页岩厚 300ft（Bowker，2003）紧靠 Muenster 穹隆的 Barnett 页岩厚度最大（大于 1000ft），含有更多的石灰岩（Bowker，2003；Pollastro，2007）Barnett 页岩向 Bend 背斜方向减薄，其顶部可能因侵蚀而局部缺失（Henn，1982）。

---

[1] 1ft=0.3048m。

　　直接覆盖在 Barnett 页岩上方的 Marble Falls 灰岩（宾夕法尼亚系 Morrowan）在 Newark East 气田为石灰岩，在盆地的东南部变为页岩，如图 2-3 所示，为宾夕法尼亚系（Morrowan），表示 Ouachita 冲断带、后来抬升和盆地的形成以及 Marble Falls 地层的石灰岩相与页岩相的沉积区。在 Newark East 气田，Forestburg 灰岩是致密的非渗透石灰岩，在 Barnett 页岩气井进行压裂作业时，可形成有效的裂缝隔层。单井数据表明，在 Newark East 气田南部，Marble Falls 灰岩快速变薄，在 Newark East 气田的中东部，岩相变为页岩（Adams，2003；Bowker，2003；Pollastro，2003）。这样，致密石灰岩相的南地理界线便是 Barnett 页岩远景区勘探开发的重要边界。在 Newark East 气田南部以及 Brown、Comanche、Mills 和 Hamilton 等县，Marble Falls 灰岩是常规的油气产层。在这些地区，地层由碳酸盐岩滩复合层组成，主要从 610～914m 深度的常规地层圈闭中产气。

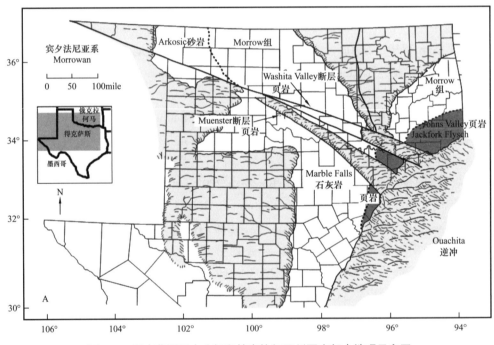

图 2-3　得克萨斯州中北部和俄克拉何马州西南部古地理示意图

2.3　储层特征

2.3.1　矿物岩石特征

　　Barnett 页岩主要组成为硅质页岩、石灰岩、和少量白云岩。硅质含量较高，占总量的 35%～50%，黏土矿物较少，总含量小于 35%。露头地层厚度在 9～15m，油含量较高，地层最大厚度超过 305m。在 Fort Worth 盆地的中部和东部地区，页岩厚度较小，一般小于 3m，磷酸盐矿物含量较高，部分区域含有黄铁矿。泥质丰富的层段有机质含量也较高，一般为 3%～13%。富含硅质层段有机质含量也较高，且为主要产层。岩石平均组分为：石英 45%，伊利石（含少量的蒙脱石）27%，方解石和白云石 8%；长石 7%；有机质 5%；黄铁矿 5%；菱铁矿 3%；少量的铜和磷酸盐。

　　Barnett 地层包含多种岩相。除骨架碎屑层外，这些岩相主要为细粒（黏土—粉砂）沉积物。根据岩石矿物学、生物群和结构，本报告认为该岩层主要存在三种岩相：（1）非层状—层状硅质泥岩；（2）层状黏土灰泥岩（泥灰岩）；（3）骨架泥质泥粒灰岩。Barnett 地层还包含多种次要的岩石类型及其结核体和硬灰岩层。

　　（1）硅质泥岩。

　　Barnett 上部和下部岩层的岩相特性极为不同，但主要岩相都是硅质泥岩（图 2-4）。纵向上岩层从一个亚岩相到另一个岩相之间可能出现剧烈变化或渐次变化，从非层状到层状出现结构变化。泥岩的两个主要结构组分为细球粒和破碎的骨架物质，骨架物质组成包括：放射虫（被方解石取代）、海绵骨针、丝鳃软体动物碎屑、头足类软体动物、烧结的有孔虫类（微晶石英形成边缘）、牙形石、塔斯马尼亚孢属内模（深海藻类包囊）及极少的棘皮动物碎屑。

　　（2）层状黏土质灰泥岩（泥灰岩）。

　　层状黏土质灰泥岩是 Forestburg 灰岩的主要岩相，并以较薄层段（小于 2ft）存在于下部 Barnett 岩层。存在风化露头，该岩相可能为泥灰岩。其主要矿物为方解石，但白云石（以 30mm 结晶体形式存在）局部也包含高达 21% 的方解石。层状灰泥岩主要由灰泥和细粒碳酸盐碎屑组成，并包含高达 30% 的泥岩和 28% 的其他非碳酸盐矿物，如石英、K 亮晶、斜长石以及黄铁矿。这种岩相中其他两种常见的矿物较为罕见——黄铁矿和磷酸盐。化石包括放射虫、海绵骨针以及薄壁软体动物碎屑，局部存在石英粉砂以及细粒球粒。这些岩石分层造成含少量泥土的碳酸盐颗粒与含大量泥土的碳酸盐颗粒的夹层。薄层厚度高达 150mm，在水平产状的薄壁软体动物碎屑中较为突出。

　　（3）骨架黏土质泥粒灰岩。

　　骨架黏土质泥粒灰岩岩相分布在整个下部 Barnett 岩层以及局部上部 Barnett 岩层，但 Forestburg 灰岩不存在骨架黏土质泥粒灰岩。这些沉积物的厚度从几英寸到 3.5ft。在内部，贝壳层为薄岩层，岩层之间为富含有机物的骨架硅质泥岩，这表明存在多个沉积事件。粗粒贝壳层含有各种尺寸的丝鳃软体动物、头足类软体动物、腕足动物、海绵骨针、放射虫以及磷酸盐物质。这种岩相通常富含在以包裹颗粒、内碎屑和球粒形式存在的磷酸盐中。

　　（4）结核体和硬灰岩层。

　　钙质结核常见于 Fort Worth 盆地的上部和下部 Barnett 岩层以及露头，但不存在于 Forestburg 灰岩。结核体的纵向厚度从 1in 到 1ft 不等。Papazis（2005）指出，部分磷酸盐结核体具有黄铁矿核心。根据边缘周围的压实痕迹推断，磷酸盐结核体可能形成于压实初期。

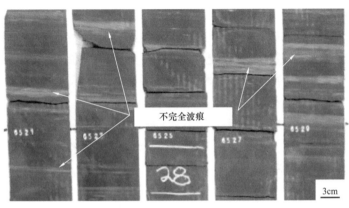

(a) 硅质泥岩薄片显示的模糊薄层（上部
Barnett地层，1 Blakely岩心，2166m）

(b) 底流形成的非补偿波纹（下部Barnett地层）

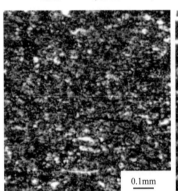

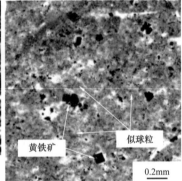

(c) 含有化石碎屑和碎屑粉砂颗粒的
点状球粒结构（下部Barnett地层，
1 Blakely岩心，2201m）

(d) 含有碎屑粉砂颗粒的点状球粒结构
（下部Barnett地层，2201m）

(e) 硅质泥岩相中碳酸盐结核显示的
未变形球粒（下部Barnett地层，
1 Blakely岩心，2181m）

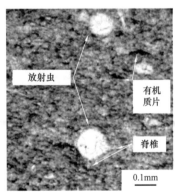

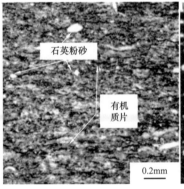

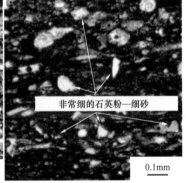

(f) 有机物基质（黑色薄片）中含有火山栓
的方解石替换放射虫（下部Barnett地层，
1 Blakely岩心，2182m）

(g) 与层理平行排列的有机物薄片，同时
存在石英粉砂（下部Barnett地层，
1 Blakely岩心，2183m）

(h) 硅质泥岩薄层中的极细粒石英和
骨架碎屑（下部Barnett地层，
1 Blakely岩心，2181m）

图 2-4　Barnett 页岩硅质泥岩岩相图

　　Barnett 下部岩层局部发现两个薄的（小于 20mm）硬灰岩层。一个位于 2Sims 岩心的
7730ft 处，另一个位于 1 Blakely 岩心的 7198ft 处。两个硬灰岩层表面均为磷酸盐和黄铁

矿，并具有相关的磷酸盐包裹颗粒。2 Sims 岩心上的硬灰岩层是多个岩层组成的磷酸盐，包含成岩磷酸盐以及磷酸盐包裹颗粒。Papazis（2005）通过扫描电镜检测技术研究认为，钙质磷酸盐是胶结硬灰岩层的早期自生相。硬灰岩层上表面直接为磷酸盐球粒和包裹颗粒的粗粒沉积物。相对于 2 Sims 岩心上的硬灰岩层，1 Blakely 岩心的硬灰岩层更不规则，但具有发育良好的磷酸盐包裹颗粒（鲕石）和火块黄铁矿交代，部分磷酸盐碎屑由细品石英替代或具有细晶石英边缘。

2.3.2　有机质特征

岩屑的分析结果表明，页岩有机碳质量分数为 1%～5%，平均为 2.5%～3.5%，岩心分析数据通常比岩屑数据高，为 4%～5%，页岩露头样品的有机碳含量（TOC）最高可达 12%。Fort Worth 盆地 Blakely 1 井 Barnett 页岩岩性测试表明，其 TOC 平均为 3.9%，上 Barnett 页岩与下 Barnett 页岩之间的福里斯特堡灰岩的 TOC 平均为 1.8%，上 Barnett 页岩和下 Barnett 页岩的 TOC 平均为 4.0%（1.9%～10.6%）。虽然 Barnett 页岩的有机碳含量变化较大，但总体上有机碳含量是相当高的，平均大于 2%，表明在中低成熟度时，该页岩层具有很好的生油气能力。

未熟（镜质组反射率 R_o=0.48%）的 Barnett 页岩（n=6）露头样品 TOC 平均值高达 11.47%，平均生气潜量（Rock-Eval S_2 产量）为 54.43mg/g（HC/TOC）。而取自盆地西南边缘 Brown 县 Explo Oil Inc.3 Mitcham 井的低成熟度岩屑 TOC 平均值为 4.67%，S_2 值为 18.17mg/g（HC/TOC）。

Wise 和 Tarrant 两县主产区（平均 R_o 为 1.67%）高成熟度 Barnett 页岩 6 口井中，290 块岩心样品现今 TOC 平均值为 4.48%。因为 TOC 通常表现为对数正态分布，所以平均值未必能代表 TOC。这些值与井间对比的 TOC 平均值（4%～5%）一致。

Barnett 页岩的有机质以易于生油的 II 型干酪根为主。R_o 小于 1.1% 时，以生油为主，生气为辅。R_o 超过 1.1%～1.4%，处在生气窗内，产伴生湿气，干气的 R_o 在 1.4% 以上；油区主要分布在盆地北部和西部成熟度较低的区域，R_o 为 0.6%～0.7%；在气区和油区之间是过渡带，既产油又产湿气，R_o 为 0.6%～1.1%。干气区主要分布在盆地东北部和冲断带前缘，这些地区埋藏较深，成熟度较高（图 2-5）。

通常 R_o 随着研究区域深度的增加逐渐增加。盆地中心区域 R_o 值的范围随深度增加逐渐从 1.60% 增加到 2.27%。然而，最高的 R_o 却存在于盆地的西部浅滩区域，这一反常的高 R_o 值很可能是由于受到古近系—新近系入侵，影响局部热效应造成的。

2.3.3　孔渗与裂缝特征

Barnett 页岩高产气层段的基本孔渗和裂缝特征主要依靠岩心分析获得。研究资料表明，有生产能力的、富含有机质的 Barnett 页岩的孔隙度为 5%～6%，渗透率低于 $0.01 \times 10^{-3} \mu m^2$，平均喉道半径小于 $0.005 \mu m$（大约是甲烷分子半径的 50 倍），平均含水饱和度为 25%，但随碳酸盐含量的增加而迅速升高。

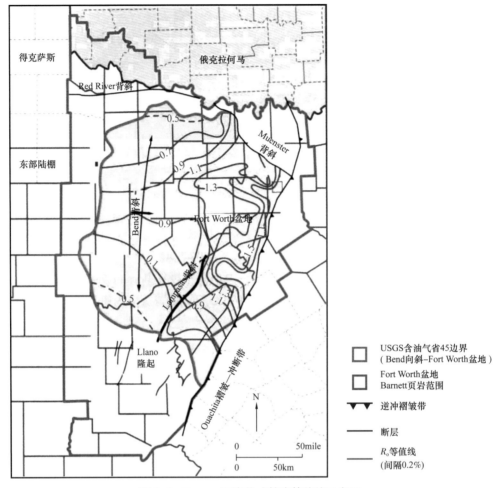

图 2-5　Barnett 页岩热成熟度等值线示意图

　　Barnett 页岩含有天然裂缝，孔隙度和渗透率随有机质的成熟（由液态烃到气态烃）而增大，并导致微裂缝的生成。天然气除吸附在有机质（干酪根）上外，还储存在这些微裂缝之中。然而对 Wise 县 Mitchell Energy T.P. Sims 2 井岩心的详细研究以及其他井岩心样品的观察表明，绝大多数裂缝全部或大部分被钙质胶结。关于裂缝在 Barnett 页岩气藏中的作用，很多学者都进行过探讨，但都没有得出实质性的结论。Bowker 认为高气体体积含量、易扩散以及能进行压裂等因素是 Barnett 页岩气藏被成功勘探开发的关键。而且在构造弯曲部位（背斜或向斜）和岩溶上方的页岩气井产量要比非构造部位的页岩气井产量低，因为这些部位裂缝发育，水力压裂的压裂液会沿着裂缝进入其下的 Viola 组和（或）Ellenburger 组灰岩层，不能在 Barnett 页岩中获得有利于页岩气生产的裂缝。

2.3.4　含气饱和度

　　Barnett 页岩气藏天然气的赋存方式包括三种：（1）在岩石孔隙中游离；（2）在天

然裂缝中游离；（3）在有机质和泥质上吸附。吸附气的含量直接决定着页岩气藏的潜力，尤其是吸附态天然气的含量直接决定着页岩气藏的品质。Bowker 利用 Newark East 气田南部 Johnson 县 Chevron 地区 Mildred Atlas 1 井的岩心样品分析了罐装解析气量并绘制了真实的反映总吸附气量随压力变化的吸附等值线，表明在气田常规气藏条件下（20.70～27.58MPa），Barnett 页岩中吸附气的体积含量为 2.97～3.26m³/t，比早期分析的数据（约 1.13m³/t）高很多。Humble Geochemical 公司近期研究 Sims 2 井的资料后指出，计算的气体体积含量实际上超过 Mildred Atlas 1 井，而这两口井的总有机碳含量相近，Sims 2 井为 4.79%，Mildred Atlas 1 井为 4.77%。在 Denton 县的 Mitchell Energy Kathy Keel 3 井（后被称为 K.P. Lipscomb 3 井），现今的有机碳含量为 5.2%，吸附气体积含量为 3.40m³/t，占天然气总体积含量（5.57m³/t）的 61%。

在对 Wise 县 T.P. Sims 2 井重新研究的基础上制成的甲烷等温线也得出了类似的结论（图 2-6）。这些等值线包括了吸附气量和总气量，与 Mildred Atlas 1 井以及 Kathy Keele 3 井的结论相似。在气藏压力下（26.21MPa），吸附气的体积含量占总气体体积含量（4.81～7.08m³/t）的 35%～50%，即 1.70～3.54m³/t，平均水平是 2.41m³/t 的吸附气和 2.97m³/t 的游离气，分别占总气体体积含量（5.38m³/t）的 45% 和 55%。

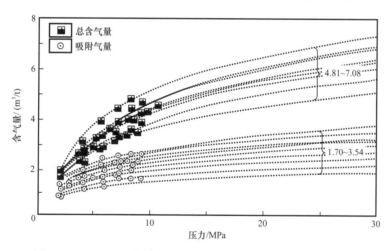

图 2-6 Fort Worth 盆地 Wise 县 Barnett 页岩岩心气体等温线图

上述资料表明，Barnett 页岩气藏中有 40%～60% 的天然气以吸附态赋存于页岩中，比早期研究的数据大很多，说明 Barnett 页岩比以前认为的有更大的资源储量潜力。Barnett 页岩气藏的丰度比美国其他盆地的页岩气藏（密执安盆地的 Antrim 页岩气藏、伊利诺斯的 New Albany 页岩气藏、阿巴拉契亚盆地的 Ohio 页岩气藏以及圣胡安盆地的 Lewis 页岩气藏）的丰度要大。Barnett 页岩以 II 型干酪根为主，以生油为主，有机碳质量分数高，在没有大量排烃之前，液态烃就已赋存于页岩内（有机碳对液态烃具有吸附作用），随着温度的升高，液态烃发生裂解，生成更轻的气体烃类，这些气体烃类同样以吸附态赋存于富含有机质的页岩内。

2.4 资源潜力

美国地质调查局完成的资源评估结果表明，盆地内页岩气资源量为 $26.2 \times 10^{12} ft^3$。非官方机构德文能源数据为，盆地 Barnett 页岩气远景储量平均为 $55 ft^3/km^2$。Barnett 页岩气资源规模较大,Jarvié 等（2001）评估 Barnett 页岩拥有的页岩气地质储量为（$1.53 \sim 5.72$）$\times 10^{12} m^3$，技术可采储量为（$962.78 \sim 2831.70$）$\times 10^8 m^3$。

Fort Worth 盆地内在有机质富集并达到生气窗（$R_o > 1.1\%$），厚度大于 20m 的 Barnett 页岩中，已经对其中的非伴生气形成了工业性产量的开采。当厚度超过 60m 时为最有利的勘探区域，此时的含气资源丰度达到约 $10.93 \times 10^8 m^3/km^2$。通过对 Barnett 页岩（包含有其上覆和下伏致密、水力压裂困难的 Marble Falls 组和 Viola-Simpson 组石灰岩）的进一步细分（Pollastro，2003、2007；Pollastro 等，2004），确定了 Barnett 页岩连续型天然气聚集的两组有利的评价单元。第一组为 Newark East 区域大面积的 Barnett 页岩连续产气评价单元，厚度大（普遍 $90 \sim 122m$），达到生气窗（$R_o > 1.1\%$），上覆 Marble Falls 组石灰岩，下伏 Viola-Simpson 组石灰岩，平均资源量达到 $4134 \times 10^8 m^3$。第二组为延伸的 Barnett 页岩连续产气评价单元，该区域 Barnett 页岩同样达到生气窗，厚度至少 30m，平均资源量达到 $3228 \times 10^8 m^3$，区域中一组或多组存在压裂困难的石灰岩地层缺失。另外，区域 Barnett 页岩厚度大于 30m，达到生油窗的层段为第三组评价单元，即 Barnett 页岩的连续型产油评价单元（Pollastro 等，2004；Pollastro，2007）。Barnett 页岩区域未勘探的连续型非伴生气资源量达到 $7418 \times 10^8 m^3$，加上现在登记的天然气储集量为 $1132 \times 10^8 m^3$，Barnett 页岩潜在的可开采量达到 $8550 \times 10^8 m^3$。

此外，在 Fort Worth 盆地的西部和北部 R_o 多小于 1%，以生油为主，生气为辅，据 EOG 资源公司估算，以该盆地 Cooke 县为例，Barnett 页岩的页岩油地质储量为 $4 \times 10^6 t/km^2$，证实 Barnett 页岩也具备良好的页岩油勘探开发潜力。

从近二十年的开发来看，Barnett 页岩油气的主产区产量在 2000—2012 年呈逐年上升趋势。2012 年达到一个生产高峰，日产油气量 $5.086 \times 10^9 ft^3$。随后从 2013 年开始产量呈缓慢递减趋势，2017 年日产量为 $2.788 \times 10^9 ft^3$。2002 年以来水平井的大规模使用和压裂工艺的不断进步是使 Barnett 页岩日产气量在美国所有气田位居第二的关键因素。除了大量产气外，Barnett 页岩也产油，但主要以直井的方式开采。

第3章 水平井钻完井

3.1 钻井垂深

图 3-1 给出了 Barnett 页岩气藏历年完钻水平井垂深散点分布图，本次累计统计 2002—2021 年该气藏完钻水平井 6778 口。历年完钻水平井垂深范围 958.30～3023.92m，其中埋深小于 2000m 的完钻井数量仅为 919 口、埋深为 2000～3500m 中深层完钻井 5859 口。该页岩油气藏所有统计水平井平均完钻垂深 2232.38m、P25 完钻垂深 2022.34m、P50 完钻垂深 2220.96m、P75 完钻垂深 2321.77m。不同年份水平井完钻垂深分布稳定，无明显增加或下降趋势。

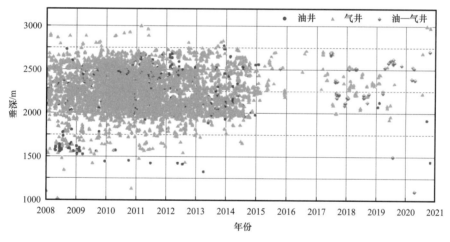

图 3-1 Barnett 页岩气藏完钻水平井垂深散点分布图

图 3-2 给出了 Barnett 页岩气藏完钻水平井垂深统计分布图，按照 500m 垂深间距对所有油气井完钻垂深进行统计。根据统计分布图可知，垂深 500～1000m 完钻井 1 口。垂深 1000～1500m 完钻井 25 口，统计占比 0.4%。垂深 1500～2000m 完钻井 893 口，统计占比 13.2%。完钻垂深 2000～2500m 完钻井 4831 口，统计占比 71.3%。垂深 2500～3000m 完钻井 1027 口，统计占比 15.1%。垂深 3000～3500m 完钻井 1 口。

按照目前页岩油气藏根据埋深的通用分类界限，埋深小于 2000m 为浅层页岩油气藏、埋深 2000～3500m 为中深层页岩油气藏。Barnett 页岩气藏浅层完钻水平井 919 口、中深层完钻水平井 5859 口。根据水平井完钻垂深统计情况显示，Barnett 页岩气藏主体为中深层页岩气藏。

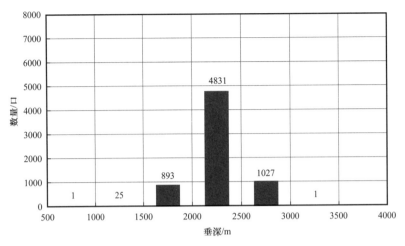

图 3-2　Barnett 页岩气藏完钻水平井垂深统计分布图

将 Barnett 页岩气藏不同年度完钻水平井垂深进行统计分析，利用 P25 和 P75 统计垂深作为水平井完钻垂深上下限值，同时结合 P50 完钻垂深绘制不同年度垂深学习曲线。图 3-3 给出了 Barnett 页岩气藏水平井不同年度完钻垂深学习曲线。根据水平井完钻垂深学习曲线可知，2011 年以前统计完钻井 3519 口、平均完钻垂深 2241m、P25 完钻垂深 2096m、P50 完钻垂深 2252m、P75 完钻垂深 2417m。2011 年统计完钻井 1305 口、平均完钻垂深 2210m、P25 完钻垂深 2046m、P50 完钻垂深 2188m、P75 完钻垂深 2374m。2012 年统计完钻井 828 口、平均完钻垂深 2210m、P25 完钻垂深 2035m、P50 完钻垂深 2152m、P75 完钻垂深 2400m。2013 年统计完钻井 586 口、平均完钻垂深 2218m、P25 完钻垂深 2034m、P50 完钻垂深 2159m、P75 完钻垂深 2368m。2014 年统计完钻井 355 口、平均完钻垂深 2244m、P25 完钻垂深 2022m、P50 完钻垂深 2207m、P75 完钻垂深 2459m。2015 年统计完钻井 44 口、平均完钻垂深 2383m、P25 完钻垂深 2250m、P50 完钻垂深 2332m、P75 完钻垂深 2532m。2016 年统计完钻井 3 口、平均完钻垂深 2624m、P25 完钻垂深 2579m、P50 完钻垂深 2685m、P75 完钻垂深 2699m。2017 年统计完钻井 42 口、平均完钻垂深 2360m、P25 完钻垂深 2214m、P50 完钻垂深 2373m、P75 完钻垂深 2460m。2018 年统计完钻井 55 口、平均完钻垂深 2308m、P25 完钻垂深 2204m、P50 完钻垂深 2303m、P75 完钻垂深 2376m。2019 年统计完钻井 29 口、平均完钻垂深 2348m、P25 完钻垂深 2125m、P50 完钻垂深 2437m、P75 完钻垂深 2568m。2020 年统计完钻井 12 口、平均完钻垂深 2324m、P25 完钻垂深 2145m、P50 完钻垂深 2456m、P75 完钻垂深 2693m。

Barnett 页岩气藏水平井完钻垂深学习曲线显示，除 2016 年样本数太少外，不同年度水平井完钻垂深 P25、P50 和 P75 统计值保持相对稳定趋势。水平井 P25 完钻垂深稳定在 2022～2250m、P50 完钻垂深稳定在 2152～2456m、P75 完钻垂深稳定在 2368～2693m。

Barnett 页岩气藏钻井许可中按照许可类型的不同，将井划分为油井、油—气井和气井等。本次统计 2002—2020 年水平井 6778 口，其中油井 628 口、油—气井 53 口、气井 6080 口，部分井未标注。本节针对不同钻井许可类型井的完钻垂深进行了分类详细描述。

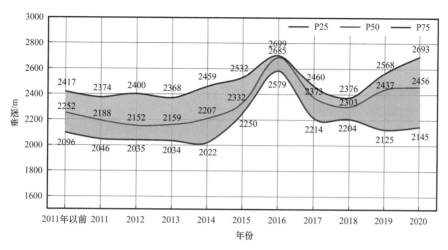

图 3-3　Barnett 页岩气藏完钻水平井垂深学习曲线

3.1.1　油井

根据 Barnett 页岩气藏钻井许可类型可知，该页岩气藏完钻水平井中油井 628 口。所有油井完钻垂深范围为 1062.23～2776.42m、平均完钻垂深 2232.33m、P25 完钻垂深 2092.34m、P50 完钻垂深 2220.96m、P75 完钻垂深 2321.77m。

图 3-4 给出了 Barnett 页岩气藏完钻油井垂深统计分布图，按照 400m 垂深间距对所有油井完钻垂深进行统计。根据统计分布图可知，垂深 800～1200m 完钻井 2 口，统计占比 0.3%。垂深 1200～1600m 完钻井 36 口，统计占比 5.7%。垂深 1600～2000m 完钻井 38 口，统计占比 6.1%。垂深 2000～2400m 完钻井 343 口，统计占比 54.6%。垂深 2400～2800m 水平井 209 口，统计占比 33.3%（图 3-4）。

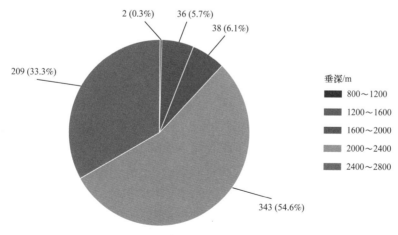

图 3-4　Barnett 页岩气藏完钻油井垂深统计分布图

图 3-5 给出了 Barnett 页岩气藏油井不同年度完钻垂深学习曲线。根据水平井完钻垂深学习曲线可知，2011 年以前统计完钻井 307 口、平均完钻垂深 2280m、P25 完钻垂深

2102m、P50 完钻垂深 2306m、P75 完钻垂深 2432m。2011 年统计完钻井 165 口、平均完钻垂深 2259m、P25 完钻垂深 2069m、P50 完钻垂深 2261m、P75 完钻垂深 2446m。2012 年统计完钻井 60 口、平均完钻垂深 2384m、P25 完钻垂深 2235m、P50 完钻垂深 2411m、P75 完钻垂深 2506m。2013 年统计完钻井 62 口、平均完钻垂深 2096m、P25 完钻垂深 2005m、P50 完钻垂深 2104m、P75 完钻垂深 2180m。2014 年统计完钻井 29 口、平均完钻垂深 2331m、P25 完钻垂深 2116m、P50 完钻垂深 2342m、P75 完钻垂深 2535m。2015 年统计完钻井 1 口、完钻垂深 2562m。2019 年统计完钻井 2 口、平均完钻垂深 2100m、P25 完钻垂深 2088m、P50 完钻垂深 2100m、P75 完钻垂深 2113m。2020 年统计完钻井 2 口、平均完钻垂深 1681m、P25 完钻垂深 1562m、P50 完钻垂深 1681m、P75 完钻垂深 1801m。

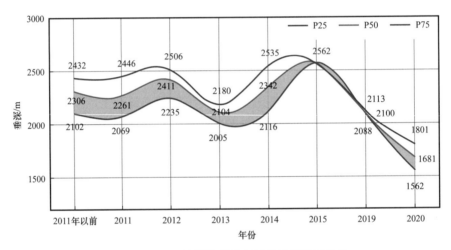

图 3-5　Barnett 页岩气藏完钻油井垂深学习曲线

Barnett 页岩气藏油井完钻垂深学习曲线显示，不同年度水平井完钻垂深 P25、P50 和 P75 统计值保持相对稳定趋势。水平井 P25 完钻垂深稳定在 1562～2235m、P50 完钻垂深稳定在 1681～2342m、P75 完钻垂深稳定在 1801～2535m。

3.1.2　油—气井

根据 Barnett 页岩气藏钻井许可类型可知，该页岩气藏完钻水平井中油—气井 53 口，所有油—气井完钻垂深范围 1103.38m、平均完钻垂深 2344.78m、P25 完钻垂深 2337.05m、P50 完钻垂深 2360.35m、P75 完钻垂深 2452.42m。

图 3-6 给出了 Barnett 页岩气藏完钻油—气井垂深统计分布图，按照 400m 垂深间距对所有油—气井完钻垂深进行统计。根据统计分布图可知，垂深 800～1200m 完钻井 1 口，统计占比 1.9%。垂深 1600～2000m 完钻井 1 口，统计占比 1.9%。垂深 2000～2400m 完钻井 28 口，统计占比 52.8%。垂深 2400～2800m 完钻井 23 口，统计占比 43.4%。

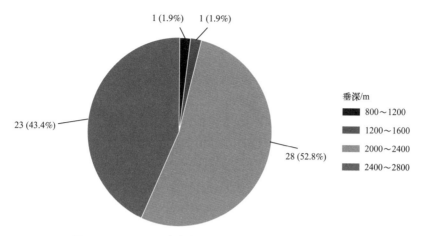

图 3-6　Barnett 页岩气藏完钻油—气井垂深统计分布图

图 3-7 给出了 Barnett 页岩气藏油—气井不同年度完钻垂深学习曲线。根据水平井完钻垂深学习曲线可知,2014 年统计完钻井 1 口、完钻垂深 2207m。2015 年统计完钻井 1 口、完钻垂深 2512m。2017 年统计完钻井 17 口、平均完钻垂深 2271m、P25 完钻垂深 2213m、P50 完钻垂深 2231m、P75 完钻垂深 2368m。2018 年统计完钻井 13 口、平均完钻垂深 2291m、P25 完钻垂深 2179m、P50 完钻垂深 2187m、P75 完钻垂深 2508m。2019 年统计完钻井 15 口、平均完钻垂深 2562m、P25 完钻垂深 2525m、P50 完钻垂深 2568m、P75 完钻垂深 2593m。2020 年统计完钻井 6 口、平均完钻垂深 2457m、P25 完钻垂深 2387m、P50 完钻垂深 2456m、P75 完钻垂深 2527m。

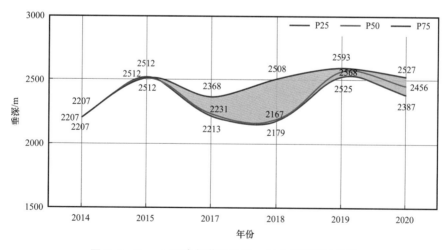

图 3-7　Barnett 页岩气藏完钻油—气井垂深学习曲线

Barnett 页岩气藏油—气井完钻垂深学习曲线显示,不同年度水平井完钻垂深 P25、P50 和 P75 统计值保持相对稳定趋势。水平井 P25 完钻垂深稳定在 2179~2525m 区间、P50 完钻垂深稳定在 2207~2568m 区间、P75 完钻垂深稳定在 2207~2593m 区间。

3.1.3 气井

根据 Barnett 页岩气藏钻井许可类型可知，该页岩气藏完钻水平井中气井 6080 口，所有气井完钻垂深范围 958.29～3023.92m、平均完钻垂深 2232m、P25 完钻垂深 2205m、P50 完钻垂深 2351m、P75 完钻垂深 2504m。

图 3-8 给出了 Barnett 页岩气藏完钻气井垂深统计分布图，按照 500m 垂深间距对所有气井完钻垂深进行统计。根据统计分布图可知，垂深 500～1000m 完钻井 1 口，统计占比 0%。垂深 1000～1500m 完钻井 14 口，统计占比 0.2%。垂深 1500～2000m 完钻井 824 口，统计占比 13.6%。垂深 2000～2500m 完钻井 4330 口，统计占比 71.2%。垂深 2500～3000m 完钻井 910 口，统计占比 15.0%。垂深 3000～3500m 完钻井 1 口，统计占比 0%。

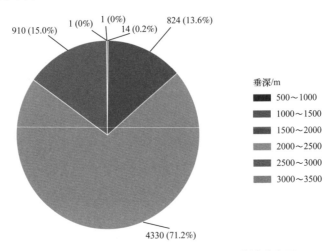

图 3-8　Barnett 页岩气藏完钻气井垂深统计分布图

图 3-9 给出了 Barnett 页岩气藏气井不同年度完钻垂深学习曲线。根据水平井完钻垂深学习曲线可知，2011 年以前统计完钻井 3208 口，平均完钻垂深 2491m、P25 完钻垂深 2094m、P50 完钻垂深 2246m、P75 完钻垂深 2415m。2011 年统计完钻井 1139 口、平均完钻垂深 1930.25m、P25 完钻垂深 2042m、P50 完钻垂深 2185m、P75 完钻垂深 2355m。2012 年统计完钻井 768 口、平均完钻垂深 1832m、P25 完钻垂深 2030m、P50 完钻垂深 2145m、P75 完钻垂深 2386m。2013 年统计完钻井 522 口、平均完钻垂深 1778m、P25 完钻垂深 2038m、P50 完钻垂深 2169m、P75 完钻垂深 2383m。2014 年统计完钻井 317 口、平均完钻垂深 1750m、P25 完钻垂深 2021m、P50 完钻垂深 2212m、P75 完钻垂深 2449m。2015 年统计完钻井 41 口、平均完钻垂深 1784m、P25 完钻垂深 2248m、P50 完钻垂深 2317m、P75 完钻垂深 2528m。2016 年统计完钻井 3 口、平均完钻垂深 1992m、P25 完钻垂深 2579m、P50 完钻垂深 2685m、P75 完钻垂深 2699m。2017 年统计完钻井 24 口、平均完钻垂深 1828m、P25 完钻垂深 2329m、P50 完钻垂深 2408m、P75 完钻垂深 2551m。2018 年统计完钻井 42 口、平均完钻垂深 1739m、P25 完钻垂深 2227m、P50 完钻垂深 2313m、P75 完钻垂深 2375m。2019 年统计完钻井 12 口、平均完钻垂深 1714m、P25 完钻

垂深 2076m、P50 完钻垂深 2344m、P75 完钻垂深 2424m。2020 年统计完钻井 4 口、平均完钻垂深 2097m、P25 完钻垂深 2570m、P50 完钻垂深 2832m、P75 完钻垂深 2982m。

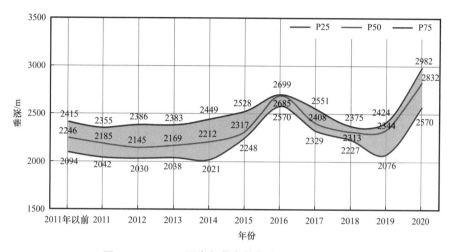

图 3-9　Barnett 页岩气藏完钻气井垂深学习曲线

Barnett 页岩气藏气井完钻垂深学习曲线显示，不同年度水平井完钻垂深 P25、P50 和 P75 统计值保持相对稳定趋势。水平井 P25 完钻垂深稳定在 2021～2579m、P50 完钻垂深稳定在 2145～2832m 区间、P75 完钻垂深稳定在 2355～2982m 区间。

3.2　水平段长

水平段长通常是指从着陆点（A 点，一般是指钻入预定油层组位，井斜达到基本水平的点）到完钻井深（B 点）的长度。水平井钻完井作为页岩油气藏开发的核心技术之一，主要是通过在页岩储层内水平井眼轨迹增加井筒与储层的接触面积。水平段长是水平井钻完井的关键参数，直接反映了钻完井和压裂工程技术水平，也是水平井产量的重要影响因素。一定限度上，长水平段水平井能够减小开发井数、平台数、钻完井和压裂成本，提高单井开发效果。随着钻完井和压裂技术不断进步，页岩油气藏钻完井水平段长呈持续增加趋势。

水平段长是页岩油气藏开发的关键钻井工程技术指标，直接决定单井最终可采储量和气藏部署井数。水平段长学习曲线是页岩油气藏开发的关键指标学习曲线。Barnett 页岩气藏历年许可井型包括油井、油—气井和气井。本节对整个页岩气藏的总体水平段长、分许可井型和分埋深水平段长进行了统计和趋势分析。

图 3-10 给出了 Barnett 页岩气藏历年完钻井水平段长散点分布图，其中包括油井、油—气井和气井三种许可井型。本次统计历年 Barnett 页岩气藏完钻不同许可类型水平井 6711 口，水平段长范围 195.07～3237.59m、所有统计水平井平均水平段长 1257.06m、P25 水平段长 1280.59m、P50 水平段长 1473.26m、P75 水平段长 1769.82m。

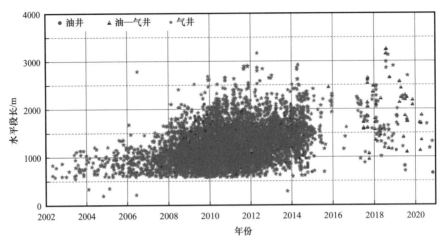

图 3-10　Barnett 页岩气藏完钻井水平段长散点分布图

将 Barnett 页岩气藏所有完钻井水平段长按 500m 区间进行区间统计分析，图 3-11 给出了完钻井水平段长统计分布。水平段长小于 500m 完钻井 5 口，统计井数占比 0.1%。水平段长 500~1000m 区间完钻井 1920 口，统计井数占比 28.6%。水平段长 1000~1500m 区间完钻井 3208 口，统计井数占比 47.8%。水平段长 1500~2000m 区间完钻井 1274 口，统计井数占比 18.9%。水平段长 2000~2500m 区间完钻井 255 口，统计井数占比 3.8%。水平段长 2500~3000m 区间完钻井 44 口，统计井数占比 0.7%。水平段长 3000~3500m 区间完钻井 5 口，统计井数占比 0.1%。

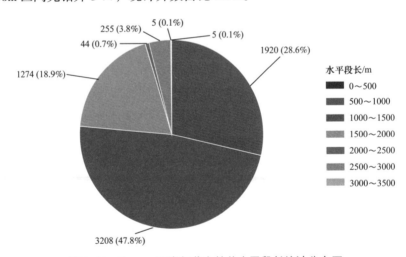

图 3-11　Barnett 页岩气藏完钻井水平段长统计分布图

Barnett 页岩气藏过去十年内每年都完钻了大量水平井，利用每年完钻井水平段长 P25、P50 和 P75 统计值绘制水平段长年度学习曲线。图 3-12 给出了 Barnett 页岩气藏完钻井水平段长年度学习曲线。水平段长年度学习曲线显示，2011 年以前统计完钻井 3469 口，平均水平段长 1153m、P25 水平段长 886m、P50 水平段长 1100m、P75 水平段长

1365m。2011 年统计完钻井 1304 口，平均水平段长 1278m、P25 水平段长 1007m、P50 水平段长 1266m、P75 水平段长 1492m。2012 年统计完钻井 827 口，平均水平段长 1321m、P25 水平段长 1062m、P50 水平段长 1303m、P75 水平段长 1507m。2013 年统计完钻井 584 口，平均水平段长 1401m、P25 水平段长 1228m、P50 水平段长 1393m、P75 水平段长 1590m。2014 年统计完钻井 347 口，平均水平段长 1539m、P25 水平段长 1279m、P50 水平段长 1528m、P75 水平段长 1765m。2015 年统计完钻井 43 口，平均水平段长 1671m、P25 水平段长 1411m、P50 水平段长 1567m、P75 水平段长 2060m。2016 年统计完钻井 3 口，平均水平段长 1398m、P25 水平段长 1289m、P50 水平段长 1419m、P75 水平段长 1517m。2017 年统计完钻井 41 口，平均水平段长 1884m、P25 水平段长 1720m、P50 水平段长 1905m、P75 水平段长 2152m。2018 年统计完钻井 55 口，平均水平段长 1827m、P25 水平段长 1453m、P50 水平段长 1572m、P75 水平段长 2151m。2019 年统计完钻井 29 口，平均水平段长 1812m、P25 水平段长 1661m、P50 水平段长 1852m、P75 水平段长 2194m。2020 年统计完钻井 9 口，平均水平段长 1395m、P25 水平段长 1176m、P50 水平段长 1345m、P75 水平段长 1694m。

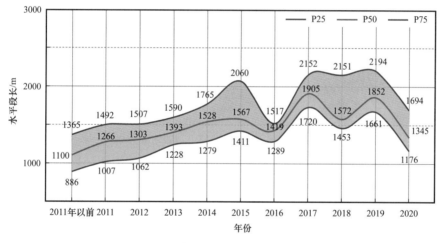

图 3-12　Barnett 页岩气藏完钻井水平段长年度学习曲线

3.2.1　油井

Barnett 页岩气藏油井许可统计水平井 623 口，水平段长范围 628.80～2114.09m，所有完钻井平均水平段长 1335.83m、P25 水平段长 1106.43m、P50 水平段长 1241.47m、P75 水平段长 1389.89m。

图 3-13 给出了 Barnett 页岩气藏油井水平段长统计分布图，水平段长小于 1000m 完钻井 83 口，统计井数占比 13.3%。水平段长 1000～1400m 完钻井 273 口，统计井数占比 43.8%。水平段长 1400～1800m 完钻井 244 口，统计井数占比 39.1%。水平段长 1800～2200m 完钻井 23 口，统计井数占比 3.8%。

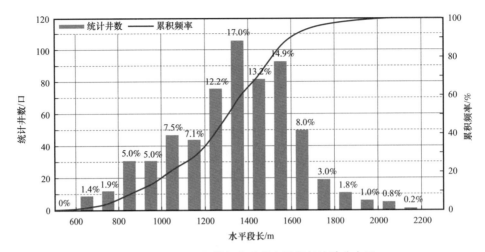

图 3-13   Barnett 页岩气藏油井水平段长统计分布图

图 3-14 给出了 Barnett 页岩气藏油井水平段长年度学习曲线，2011 年以前统计完钻井 303 口，平均水平段长 1318m、P25 水平段长 1091m、P50 水平段长 1337m、P75 水平段长 1527m。2011 年统计完钻井 165 口，平均水平段长 1391m、P25 水平段长 1268m、P50 水平段长 1383m、P75 水平段长 1523m。2012 年统计完钻井 60 口，平均水平段长 1364m、P25 水平段长 1240m、P50 水平段长 1317m、P75 水平段长 1534m。2013 年统计完钻井 62 口，平均水平段长 1415m、P25 水平段长 1277m、P50 水平段长 1341m、P75 水平段长 1627m。2014 年统计完钻井 29 口，平均水平段长 1326m、P25 水平段长 1002m、P50 水平段长 1400m、P75 水平段长 1575m。2015 年统计完钻井 1 口，水平段长 1006m。2019 年统计完钻井 2 口，平均水平段长 1491m、P25 水平段长 1311m、P50 水平段长 1491m、P75 水平段长 1671m。2020 年统计完钻井 1 口，水平段长 656m。

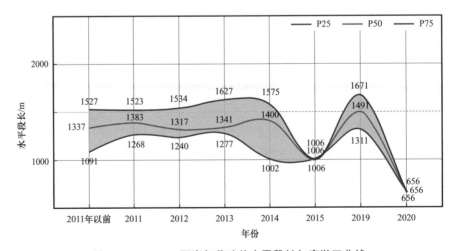

图 3-14   Barnett 页岩气藏油井水平段长年度学习曲线

3.2.2 油—气井

Barnett 页岩气藏截至 2020 年底累计统计油—气井许可 52 口，完钻水平段长范围 941.83～3237.59m，平均水平段长 1955.58m，P25 水平段长 1811.93m、P50 水平段长 2010.56m、P75 水平段长 2256.56m。

图 3-15 给出了 Barnett 页岩气藏完钻油—气井水平段长统计分布图，统计结果显示水平段长 500～1000m 油气井 1 口，统计占比 1.9%。水平段长 1000～1500m 油气井 8 口，统计占比 15.4%。水平段长 1500～2000m 油气井 19 口，统计占比 36.5%。水平段长 2000～2500m 油气井 16 口，统计占比 30.8%。水平段长 2500～3000m 油气井 5 口，统计占比 9.6%。水平段长 3000～3500m 油气井 3 口，统计占比 5.8%。

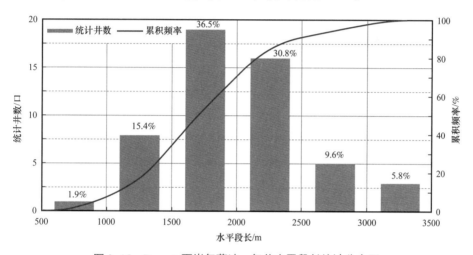

图 3-15 Barnett 页岩气藏油—气井水平段长统计分布图

图 3-16 给出了 Barnett 页岩气藏油—气井水平段长年度学习曲线，2014 年统计油气井 1 口，水平段长 2173m。2015 年统计油气井 1 口，水平段长 2441m。2017 年统计油气井 17 口，平均水平段长 1928m、P25 水平段长 1596m、P50 水平段长 1842m、P75 水平段长 2347m。2018 年统计油气井 13 口，平均水平段长 1998m、P25 水平段长 1563m、P50 水平段长 1786m、P75 水平段长 2645m。2019 年统计油气井 15 口，平均水平段长 2037m、P25 水平段长 1754m、P50 水平段长 2128m、P75 水平段长 2231m。2020 年统计油气井 5 口，平均水平段长 1581m、P25 水平段长 1345m、P50 水平段长 1694m、P75 水平段长 1702m。

3.2.3 气井

Barnett 页岩气藏截至 2020 年底累计统计气井许可 6036 口，完钻水平段长范围 195.07～3158.34m，平均水平段长 1242.91m、P25 水平段长 1250.62m、P50 水平段长 1469.43m、P75 水平段长 1720.87m。

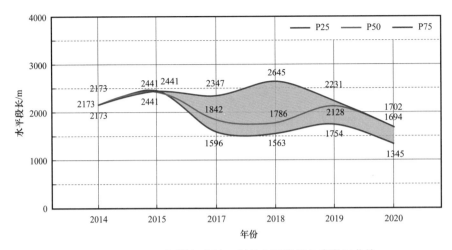

图 3-16 Barnett 页岩气藏油—气井水平段长年度学习曲线

图 3-17 给出了 Barnett 页岩气藏完钻水平井水平段长统计分布图，统计结果显示水平段长 100~500m 水平井 5 口，统计占比 0.1%。水平段长 500~1000m 水平井 1836 口，统计占比 30.4%。水平段长 1000~1500m 水平井 2845 口，统计占比 47.1%。水平段长 1500~2000m 水平井 1076 口，统计占比 17.8%。水平段长 2000~2500m 水平井 233 口，统计占比 3.9%。水平段长大于 2500m 水平井 41 口，统计占比 0.7%。

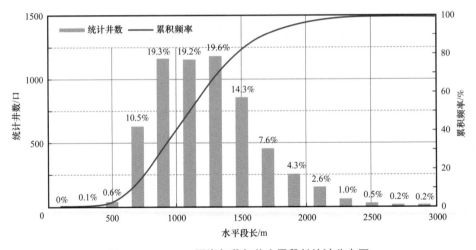

图 3-17 Barnett 页岩气藏气井水平段长统计分布图

图 3-18 给出了 Barnett 页岩气藏气井水平段长年度学习曲线，2011 年以前完钻水平井 3166 口，平均水平段长 1098m、P25 水平段长 873m、P50 水平段长 1079m、P75 水平段长 1342m。2011 年完钻水平井 1139 口，平均水平段长 1228m、P25 水平段长 978m、P50 水平段长 1226m、P75 水平段长 1480m。2012 年统计水平井 767 口，平均水平段长 1287m、P25 水平段长 1057m、P50 水平段长 1302m、P75 水平段长 1502m。2013 年统计水平井 522 口，平均水平段长 1402m、P25 水平段长 1225m、P50 水平段长 1396m、

P75 水平段长 1587m。2014 年统计水平井 317 口，平均水平段长 1545m、P25 水平段长 1309m、P50 水平段长 1532m、P75 水平段长 1795m。2015 年统计水平井 41 口，平均水平段长 1680m、P25 水平段长 1420m、P50 水平段长 1567m、P75 水平段长 2054m。2016 年统计水平井 3 口，平均水平段长 1408m、P25 水平段长 1289m、P50 水平段长 1419m、P75 水平段长 1517m。2017 年统计水平井 24 口，平均水平段长 1978m、P25 水平段长 1808m、P50 水平段长 2008m、P75 水平段长 2119m。2018 年统计水平井 42 口，平均水平段长 1663m、P25 水平段长 1445m、P50 水平段长 1555m、P75 水平段长 1988m。2019 年统计水平井 12 口，平均水平段长 1639m、P25 水平段长 1107m、P50 水平段长 1764m、P75 水平段长 2048m。2020 年统计水平井 3 口，平均水平段长 1353m、P25 水平段长 1246m、P50 水平段长 1316m、P75 水平段长 1498m。

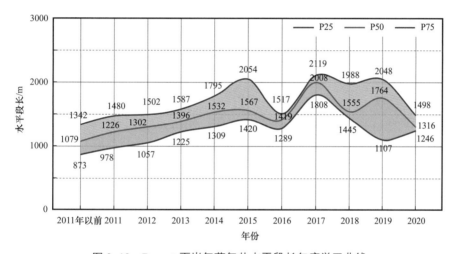

图 3-18　Barnett 页岩气藏气井水平段长年度学习曲线

3.2.4　水平段长图版

水平井钻井工程中，水平段长受垂深等地质特征和工程技术装备水平控制。根据 Barnett 页岩气藏完钻水平井垂深分布，以 500m 垂深间距统计不同垂深范围完钻井水平段长学习曲线，最终绘制不同埋深范围水平段长年度学习曲线，可为同类型油气藏钻井工程设计提供参考图版。

图 3-19 给出了 Barnett 页岩气藏不同埋深范围水平段长学习图版。埋深 1500～2000m 累计完钻水平井 887 口，平均水平段长 1280m。2011 年以前累计完钻井 428 口，平均水平段长 1586m。2011 年累计完钻井 179 口，平均水平段长 1211m。2012 年累计完钻井 132 口，平均水平段长 1206m。2013 年累计完钻井 81 口，平均水平段长 1363m。2014 年累计完钻井 62 口，平均水平段长 1437m。2015 年累计完钻井 2 口，平均水平段长 1778m。2016 年累计完钻井 33 口，平均水平段长 2339m。2017 年累计完钻井 72 口，平均水平段长 2641m。2019 年累计完钻井 3 口，平均水平段长 867m。

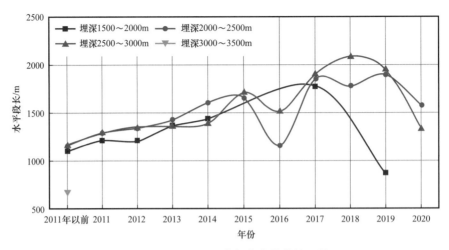

图 3-19　Barnett 页岩气藏水平段长图版

埋深 2000～2500m 累计完钻水平井 4795 口，平均水平段长 1521m。2011 年以前完钻井 2445 口，平均水平段长 1159m。2011 年完钻井 980 口，平均水平段长 1289m。2012 年完钻井 598 口，平均水平段长 1343m。2013 年完钻井 427 口，平均水平段长 1428m。2014 年完钻井 223 口，平均水平段长 1604m。2015 年完钻井 29 口，平均水平段长 1652m。2016 年完钻井 1 口，平均水平段长 1159m。2017 年完钻井 30 口，平均水平段长 1849m。2018 年完钻井 46 口，平均水平段长 1778m。2019 年完钻井 13 口，平均水平段长 1896m。2020 年完钻井 3 口，平均水平段长 1576m。

埋深 2500～3000m 累计完钻水平井 1019 口，平均水平段长 1550m。2011 年以前完钻井 582 口，平均水平段长 1171m。2011 年完钻井 144 口，平均水平段长 1292m。2012 年完钻井 94 口，平均水平段长 1354m。2013 年完钻井 77 口，平均水平段长 1363m。2014 年完钻井 70 口，平均水平段长 1392m。2015 年完钻井 14 口，平均水平段长 1709m。2016 年完钻井 2 口，平均水平段长 1517m。2017 年完钻井 10 口，平均水平段长 1903m。2018 年完钻井 9 口，平均水平段长 2082m。2019 年完钻井 13 口，平均水平段长 1946m。2020 年完钻井 4 口，平均水平段长 1327m。

埋深 3000～3500m 数量较少，完钻水平井只有 1 口，平均水平段长 674m。

Barnett 页岩气藏水平段长图版显示，相同埋深范围完钻井水平段长 2015 年之前逐年呈增加趋势，反映了钻完井技术持续进步的趋势。相同时期，完钻井水平段长随埋深增加而呈下降趋势。不同埋深范围完钻井水平段长增幅存在差异。随埋深增加水平段长增幅呈下降趋势。水平段长图版给出了不同埋深范围和不同年度完钻井平均水平段长，可供类似油气藏钻井工程设计提供水平段长参考。

3.3　钻井测深

水平井测深指井口（转盘面）至测点的井眼实际长度，也常被称为斜深或测量深度。

水平井测深一定程度上反映了现有钻完井和水力压裂设备的作业能力。通常，随水平井测深增加，钻完井和水力压裂施工作业难度随之增加，在现有设备作业能力、施工作业难度、作业风险、开发效果和经济效益之间存在一个最优平衡点。

图 3-20 给出了 Barnett 页岩气藏历年完钻水平井测深散点分布图，累计统计水平井测深 6800 口，测深范围 914.09～5599.79m，平均测深 3544m、P25 测深 3399m、P50 测深 3662m、P75 测深 4098m。

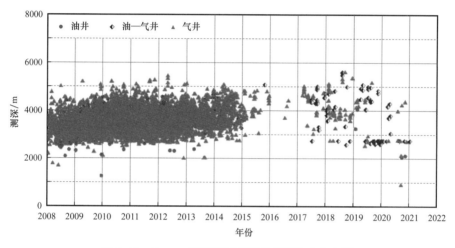

图 3-20　Barnett 页岩气藏水平井测深散点分布图

图 3-21 给出了 Barnett 页岩气藏完钻水平井测深统计分布图。测深小于 2000m 完钻水平井 11 口，统计占比 0.2%。测深范围 2000～2500m 完钻水平井 36 口，统计占比 0.5%。测深范围 2500～3000m 完钻水平井 899 口，统计占比 13.2%。测深范围 3000～3500m 完钻水平井 2317 口，统计占比 34.1%。测深范围 3500～4000m 完钻水平井 2397 口，统计占比 35.2%。测深范围 4000～4500m 完钻水平井 894 口，统计占比 13.2%。测深范围大于 4500m 完钻水平井 246 口，统计占比 3.6%。

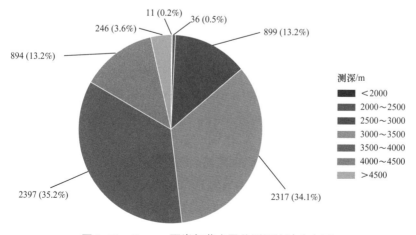

图 3-21　Barnett 页岩气藏水平井测深统计分布图

图 3-22 给出了 Barnett 页岩气藏完钻水平井测深年度学习曲线。统计显示，2011 年以前完钻水平井 3488 口，平均测深 3449m、P25 测深 3122m、P50 测深 3436m、P75 测深 3747m。2011 年完钻水平井 1305 口，平均测深 3556m、P25 测深 3206m、P50 测深 3558m、P75 测深 3833m。2012 年完钻水平井 828 口，平均测深 3599m、P25 测深 3264m、P50 测深 3583m、P75 测深 3898m。2013 年完钻水平井 586 口，平均测深 3700m、P25 测深 3456m、P50 测深 3673m、P75 测深 3959m。2014 年完钻水平井 358 口，平均测深 3848m、P25 测深 3476m、P50 测深 3767m、P75 测深 4248m。2015 年完钻水平井 43 口，平均测深 4142m、P25 测深 3787m、P50 测深 4029m、P75 测深 4572m。2016 年完钻水平井 3 口，平均测深 4095m、P25 测深 3935m、P50 测深 4179m、P75 测深 4297m。2017 年完钻水平井 43 口，平均测深 4279m、P25 测深 3929m、P50 测深 4456m、P75 测深 4682m。2018 年完钻水平井 62 口，平均测深 4061m、P25 测深 3724m、P50 测深 3922m、P75 测深 4637m。2019 年完钻水平井 49 口，平均测深 3598m、P25 测深 2743m、P50 测深 2941m、P75 测深 4453m。2020 年完钻水平井 35 口，平均测深 2914m、P25 测深 2743m、P50 测深 2743m、P75 测深 2754m。

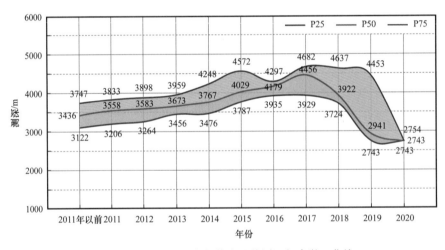

图 3-22　Barnett 页岩气藏水平井测深年度学习曲线

3.3.1　油井

Barnett 页岩气藏统计油井测深 628 口，完钻水平井测深范围 1284.73~4775.30m，平均测深 3625m、P25 水平井测深 3311m、P50 水平井测深 3462m、P75 水平井测深 3618m。

图 3-23 给出了 Barnett 页岩气藏油井测深统计分布图，统计结果显示测深范围 1000~2000m 完钻水平井 4 口，统计占比 0.7%。测深范围 2000~3000m 完钻水平井 55 口，统计占比 8.8%。测深范围 3000~4000m 完钻水平井 463 口，统计占比 73.6%。测深范围 4000~5000m 完钻水平井 106 口，统计占比 16.9%。

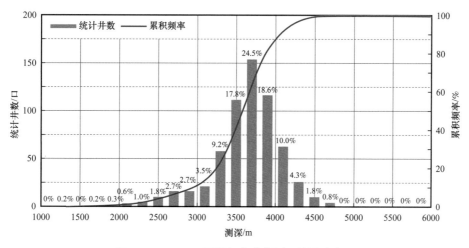

图 3–23　Barnett 页岩气藏油井测深统计分布图

图 3-24 给出了 Barnett 页岩气藏油井测深年度学习曲线。2011 年以前统计完钻水平井 307 口，平均测深 3563m、P25 水平井测深 3346m、P50 水平井测深 3676m、P75 水平井测深 3915m。2011 年统计完钻水平井 165 口，平均测深 3700m、P25 水平井测深 3555m、P50 水平井测深 3719m、P75 水平井测深 3898m。2012 年统计完钻水平井 60 口，平均测深 3748m、P25 水平井测深 3557m、P50 水平井测深 3783m、P75 水平井测深 4016m。2013 年统计完钻水平井 62 口，平均测深 3641m、P25 水平井测深 3402m、P50 水平井测深 3515m、P75 水平井测深 3734m。2014 年统计完钻水平井 29 口，平均测深 3671m、P25 水平井测深 3452m、P50 水平井测深 3609m、P75 水平井测深 3768m。2015 年统计完钻水平井 1 口，测深 3621m。2019 年统计完钻水平井 2 口，平均测深 3670m、P25 水平井测深 3468m、P50 水平井测深 3670m、P75 水平井测深 3872m。2020 年统计完钻水平井 2 口，平均测深 2103m、P25 水平井测深 2088m、P50 水平井测深 2103m、P75 水平井测深 2118m。

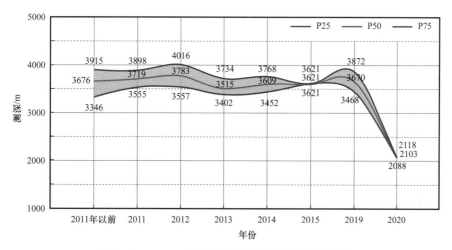

图 3-24　Barnett 页岩气藏油井测深年度学习曲线

3.3.2 油—气井

Barnett 页岩气藏统计油—气井测深 94 口,完钻水平井测深范围 2590.80～5599.79m,平均测深 3648.57m、P25 水平井测深 3768.13m、P50 水平井测深 3912.92m、P75 水平井测深 4376.19m。

图 3-25 给出了 Barnett 页岩气藏油—气井测深统计分布图,统计结果显示测深范围 2000～3000m 完钻水平井 43 口,统计占比 45.8%。测深范围 3000～4000m 完钻水平井 11 口,统计占比 11.7%。测深范围 4000～5000m 完钻水平井 32 口,统计占比 34.0%。测深范围 5000～6000m 完钻水平井 8 口,统计占比 8.5%。

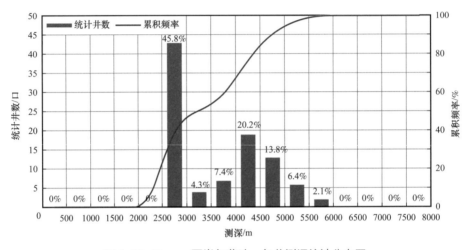

图 3-25　Barnett 页岩气藏油—气井测深统计分布图

图 3-26 给出了 Barnett 页岩气藏油—气井测深年度学习曲线。2014 年统计完钻水平井 1 口,完钻测深 4494m。2015 年统计完钻水平井 1 口,完钻测深 5082m。2017 年统计完钻水平井 18 口,平均测深 4229m、P25 水平井测深 4015m、P50 水平井测深 4358m、P75 水平井测深 4540m。2018 年统计完钻水平井 16 口,平均测深 4145m、P25 水平井测深 3531m、P50 水平井测深 4057m、P75 水平井测深 4872m。2019 年统计完钻水平井 35 口,平均测深 3500m、P25 水平井测深 2743m、P50 水平井测深 2743m、P75 水平井测深 4526m。2020 年统计完钻水平井 23 口,平均测深 2976m、P25 水平井测深 2743m、P50 水平井测深 2743m、P75 水平井测深 2743m。

3.3.3 气井

Barnett 页岩气藏统计气井测深 6063 口,完钻水平井测深范围 914.10～5597.65m,平均测深 3534.83m、P25 水平井测深 3419.41m、P50 水平井测深 3795.38m、P75 水平井测深 4135.82m。

图 3-27 给出了 Barnett 页岩气藏气井测深统计分布图,统计结果显示测深范围小于 1000m 完钻水平井 1 口,统计占比 0%。测深范围 1000～2000m 完钻水平井 6 口,统

计占比 0.1%。测深范围 2000～3000m 完钻水平井 834 口，统计占比 13.8%。测深范围 3000～4000m 完钻水平井 4229 口，统计占比 69.7%。测深范围 4000～5000m 完钻水平井 964 口，统计占比 15.9%。测深范围 5000～6000m 完钻水平井 29 口，统计占比 0.5%。

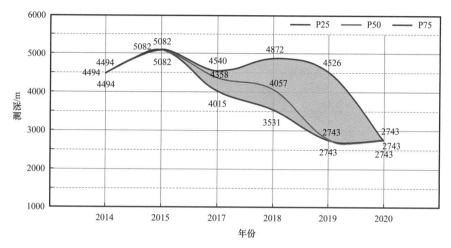

图 3-26　Barnett 页岩气藏油—气井测深年度学习曲线

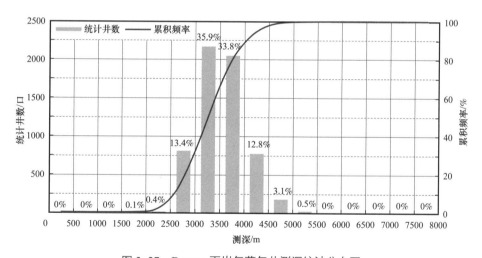

图 3-27　Barnett 页岩气藏气井测深统计分布图

图 3-28 给出了 Barnett 页岩气藏气井测深年度学习曲线。2011 年以前统计完钻水平井 3178 口，平均测深 3439m、P25 水平井测深 3116m、P50 水平井测深 3416m、P75 水平井测深 3719m。2011 年统计完钻水平井 1139 口，平均测深 3535m、P25 水平井测深 3170m、P50 水平井测深 3511m、P75 水平井测深 3813m。2012 年统计完钻水平井 768 口，平均测深 3588m、P25 水平井测深 3248m、P50 水平井测深 3569m、P75 水平井测深 3896m。2013 年统计完钻水平井 522 口，平均测深 3707m、P25 水平井测深 3467m、P50 水平井测深 3699m、P75 水平井测深 3968m。2014 年统计完钻水平井 320 口，平均测深

3869m、P25 水平井测深 3480m、P50 水平井测深 3851m、P75 水平井测深 4269m。2015 年统计完钻水平井 41 口，平均测深 4131m，P25 水平井测深 3787m、P50 水平井测深 4029m、P75 水平井测深 4556m。2016 年统计完钻水平井 3 口，平均测深 4095m、P25 水平井测深 3935m、P50 水平井测深 4179m、P75 水平井测深 4297m。2017 年统计完钻水平井 24 口，平均测深 4370m，P25 水平井测深 4055m、P50 水平井测深 4588m、P75 水平井测深 4723m。2018 年统计完钻水平井 46 口，平均测深 4031m、P25 水平井测深 3735m、P50 水平井测深 3888m、P75 水平井测深 4179m。2019 年统计完钻水平井 12 口，平均测深 3871m、P25 水平井测深 2898m、P50 水平井测深 4275m、P75 水平井测深 4390m。2020 年统计完钻水平井 10 口，平均测深 2934m、P25 水平井测深 2720m、P50 水平井测深 2743m、P75 水平井测深 3683m。

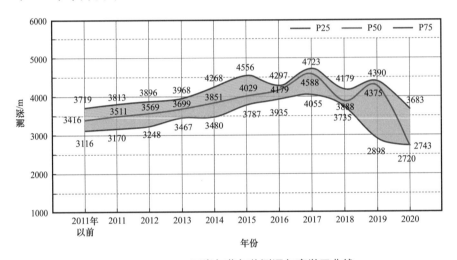

图 3-28　Barnett 页岩气藏气井测深年度学习曲线

3.3.4　测深图版

Barnett 页岩气藏埋深覆盖浅层、中深层为主。小于 1500m 统计完钻井 24 口，完钻水平井测深范围 1704~3065m，平均完钻水平井测深 2366m、P25 水平井测深 2356m、P50 水平井测深 2436m、P75 水平井测深 2585m。2011 年以前统计水平井 16 口，平均完钻测深 2281m、P25 水平井测深 2046m、P50 水平井测深 2184m、P75 水平井测深 2477m。2011 年统计水平井 2 口，平均完钻测深 2671m、P25 水平井测深 2648m、P50 水平井测深 2671m、P75 水平井测深 2695m。2012 年统计水平井 3 口，平均完钻测深 2456m、P25 水平井测深 2326m、P50 水平井测深 2332m、P75 水平井测深 2524m。2013 年统计水平井 1 口，完钻测深 2396m。2020 年统计水平井 2 口，平均完钻测深 2599m、P25 水平井测深 2366m、P50 水平井测深 2599m、P75 水平井测深 2832m。

埋深 1500~2000m 统计完钻井 889 口，完钻水平井测深范围 2006~4986m，平均完钻水平井测深 4412m、P25 水平井测深 2957m、P50 水平井测深 3092m、P75 水平井测深

3232m。2011 年以前统计水平井 428 口，平均完钻测深 2972m、P25 水平井测深 2738m、P50 水平井测深 2907m、P75 水平井测深 3144m。2011 年统计水平井 179 口，平均完钻测深 3173m、P25 水平井测深 2900m、P50 水平井测深 3133m、P75 水平井测深 3454m。2012 年统计水平井 133 口，平均完钻测深 3174m、P25 水平井测深 2966m、P50 水平井测深 3162m、P75 水平井测深 3402m。2013 年统计水平井 81 口，平均完钻测深 3401m、P25 水平井测深 3156m、P50 水平井测深 3442m、P75 水平井测深 3561m。2014 年统计水平井 62 口，平均完钻测深 3465m、P25 水平井测深 3303m、P50 水平井测深 3450m、P75 水平井测深 3592m。2017 年统计水平井 2 口，平均完钻测深 3869m、P25 水平井测深 3841m、P50 水平井测深 3869m、P75 水平井测深 3896m。2019 年统计水平井 3 口，平均完钻测深 2707m、P25 水平井测深 2675m、P50 水平井测深 2699m、P75 水平井测深 2735m。2020 年统计水平井 1 口，完钻测深 2073m。

埋深 2000～2500m 统计完钻井 4800 口，完钻水平井测深范围 2028～5600m，平均完钻水平井测深 3561m、P25 水平井测深 3628m、P50 水平井测深 3863m、P75 水平井测深 4090m。2011 年以前统计完钻井 2450 口，平均完钻测深 3458m、P25 水平井测深 2450m、P50 水平井测深 3163m、P75 水平井测深 3704m。2011 年统计完钻井 980 口，平均完钻测深 3570m、P25 水平井测深 3243m、P50 水平井测深 3557m、P75 水平井测深 3814m。2012 年统计完钻井 598 口，平均完钻测深 3630m、P25 水平井测深 3324m、P50 水平井测深 3631m、P75 水平井测深 3890m。2013 年统计完钻井 427 口，平均完钻测深 3694m、P25 水平井测深 3462m、P50 水平井测深 3673m、P75 水平井测深 3927m。2014 年统计完钻井 223 口，平均完钻测深 3904m、P25 水平井测深 3517m、P50 水平井测深 3881m、P75 水平井测深 4262m。2015 年统计完钻井 29 口，平均完钻测深 4025m、P25 水平井测深 3755m、P50 水平井测深 3944m、P75 水平井测深 4412m。2016 年统计完钻井 1 口，完钻测深 3692m。2017 年统计完钻井 30 口，平均完钻测深 4226m、P25 水平井测深 3922m、P50 水平井测深 4420m、P75 水平井测深 4629m。2018 年统计完钻井 446 口，平均完钻测深 4138m、P25 水平井测深 3787m、P50 水平井测深 3907m、P75 水平井测深 4118m。2019 年统计完钻井 13 口，平均完钻测深 4247m、P25 水平井测深 4144m、P50 水平井测深 4369m、P75 水平井测深 4458m。2020 年统计完钻井 3 口，平均完钻测深 3992m、P25 水平井测深 3895m、P50 水平井测深 3989m、P75 水平井测深 4088m。

图 3-29 给出了 Barnett 页岩气藏水平井测深图版，所有埋深范围内水平井测深整体至 2018 年呈逐年增加趋势。相同年度，水平井测深随埋深增加而增加。

埋深大于 2500m 统计完钻井 1023 口，完钻水平井测深范围 2530～5436m，平均完钻水平井测深 3925m、P25 水平井测深 3949m、P50 水平井测深 4257m、P75 水平井测深 4462m。2011 年以前统计完钻井 584 口，平均完钻测深 3817m、P25 水平井测深 3537m、P50 水平井测深 3784m、P75 水平井测深 4037m。2011 年统计完钻井 144 口，平均完钻测深 3946m、P25 水平井测深 3748m、P50 水平井测深 3910m、P75 水平井测深 4119m。

2012 年统计完钻井 94 口，平均完钻测深 4042m、P25 水平井测深 3833m、P50 水平井测深 4018m、P75 水平井测深 4251m。2013 年统计完钻井 77 口，平均完钻测深 4068m、P25 水平井测深 3805m、P50 水平井测深 4015m、P75 水平井测深 4244m。2014 年统计完钻井 70 口，平均完钻测深 4056m、P25 水平井测深 3665m、P50 水平井测深 4095m、P75 水平井测深 4342m。2015 年统计完钻井 14 口，平均完钻测深 4384m、P25 水平井测深 4017m、P50 水平井测深 4523m、P75 水平井测深 4737m。2016 年统计完钻井 2 口，平均完钻测深 4297m、P25 水平井测深 4238m、P50 水平井测深 4297m、P75 水平井测深 4356m。2017 年统计完钻井 10 口，平均完钻测深 4673m、P25 水平井测深 4490m、P50 水平井测深 4686m、P75 水平井测深 4871m。2018 年统计完钻井 9 口，平均完钻测深 4711m、P25 水平井测深 4707m、P50 水平井测深 4788m、P75 水平井测深 4930m。2019 年统计完钻井 13 口，平均完钻测深 4522m、P25 水平井测深 4395m、P50 水平井测深 4737m、P75 水平井测深 4909m。2020 年统计完钻井 6 口，平均完钻测深 3686m、P25 水平井测深 3002m、P50 水平井测深 3972m、P75 水平井测深 4284m。

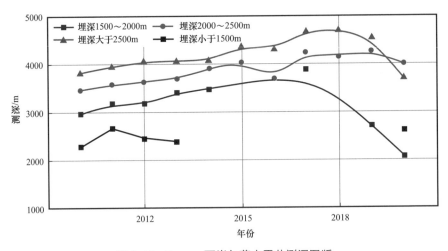

图 3-29　Barnett 页岩气藏水平井测深图版

3.4　水垂比

水垂比是指水平井的水平段长与垂深的比值，高水垂比能够在相同垂深条件下获取更长的水平段长，从而提高油气藏单井开发效果和效益。随着水垂比的增加，钻完井和压裂施工作业难度也随之增加。通常根据油气藏埋深，存在一个合理的水垂比范围，既能够确保水平井开发效果，又能够实现钻完井和压裂等工程技术可行。

图 3-30 给出了 Barnett 页岩气藏完钻井水垂比散点分布，其中不同许可类型完钻井水垂比范围 0.09~1.83。针对 Barnett 页岩气藏统计水垂比 6726 口。所有统计完钻井平均水垂比 0.57、P25 水垂比 0.43、P50 水垂比 0.55、P75 水垂比 0.68。

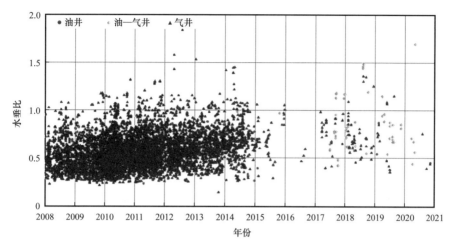

图 3-30　Barnett 页岩气藏完钻井水垂比散点分布图

图 3-31 给出了 Barnett 页岩气藏完钻井水垂比统计分布，水垂比低于 0.2 完钻井 5 口，统计占比 0.1%。水垂比 0.2～0.4 完钻井 1276 口，统计占比 19.0%。水垂比 0.4～0.6 完钻井 2788 口，统计占比 41.5%。水垂比 0.6～0.8 完钻井 1976 口，统计占比 29.2%。水垂比 0.8～1.0 完钻井 514 口，统计占比 7.7%。水垂比 1.0～1.2 完钻井 139 口，统计占比 2.1%。水垂比 1.2～1.4 完钻井 16 口，统计占比 0.3%。水垂比 1.4～1.6 完钻井 9 口，统计占比 0.1%。水垂比大于 1.6 完钻井 3 口。

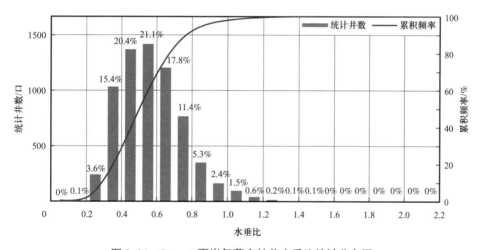

图 3-31　Barnett 页岩气藏完钻井水垂比统计分布图

图 3-32 给出了 Barnett 页岩气藏完钻井水垂比年度学习曲线。2011 年以前统计完钻井 3472 口，平均水垂比 0.52、P25 水垂比 0.39、P50 水垂比 0.50、P75 水垂比 0.62。2011 年统计完钻井 1305 口，平均水垂比 0.58、P25 水垂比 0.45、P50 水垂比 0.56、P75 水垂比 0.68。2012 年统计完钻井 827 口，平均水垂比 0.60、P25 水垂比 0.48、P50 水垂比 0.58、P75 水垂比 0.70。2013 年统计完钻井 586 口，平均水垂比 0.64、P25 水垂比 0.55、P50 水垂比 0.64、P75 水垂比 0.74。2014 年统计完钻井 355 口，平均水垂比 0.69、P25 水垂比 0.59、

P50 水垂比 0.68、P75 水垂比 0.78。2015 年统计完钻井 43 口，平均水垂比 0.69、P25 水垂比 0.62、P50 水垂比 0.69、P75 水垂比 0.85。2016 年统计完钻井 3 口，平均水垂比 0.40、P25 水垂比 0.50、P50 水垂比 0.53、P75 水垂比 0.56。2017 年统计完钻井 42 口，平均水垂比 0.77、P25 水垂比 0.66、P50 水垂比 0.79、P75 水垂比 0.91。2018 年统计完钻井 55 口，平均水垂比 0.78、P25 水垂比 0.62、P50 水垂比 0.71、P75 水垂比 0.87。2019 年统计完钻井 29 口，平均水垂比 0.74、P25 水垂比 0.67、P50 水垂比 0.77、P75 水垂比 0.87。2020 年统计完钻井 9 口，平均水垂比 0.61、P25 水垂比 0.44、P50 水垂比 0.56、P75 水垂比 0.71。

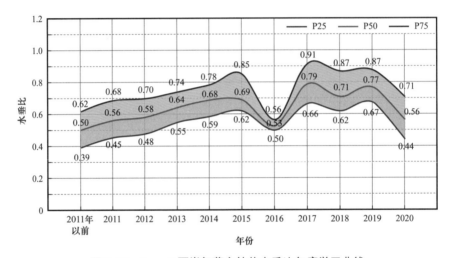

图 3-32　Barnett 页岩气藏完钻井水垂比年度学习曲线

Barnett 页岩气藏历年完钻井水垂比 2015 年前总体呈逐年增加趋势。2016 年均出现下降至 0.50～0.56。2016—2017 年出现较大涨幅，其后较为平稳。

3.4.1　浅层井

图 3-33 给出了 Barnett 页岩气藏埋深小于 2000m 浅层完钻井水垂比统计分布及年度学习曲线。Barnett 页岩气藏在埋深小于 2000m 范围完钻水平井 911 口，水垂比范围 0.11～1.83，平均水垂比 0.64、P25 水垂比 0.60、P50 水垂比 0.71、P75 水垂比 0.83。

2011 年以前统计完钻井 444 口，平均水垂比 0.62、P25 水垂比 0.49、P50 水垂比 0.60、P75 水垂比 0.72。2011 年统计完钻井 181 口，平均水垂比 0.64、P25 水垂比 0.51、P50 水垂比 0.61、P75 水垂比 0.77。2012 年统计完钻井 135 口，平均水垂比 0.63、P25 水垂比 0.50、P50 水垂比 0.63、P75 水垂比 0.72。2013 年统计完钻井 82 口，平均水垂比 0.69、P25 水垂比 0.60、P50 水垂比 0.71、P75 水垂比 0.76。2014 年统计完钻井 62 口，平均水垂比 0.73、P25 水垂比 0.65、P50 水垂比 0.71、P75 水垂比 0.78。2017 年统计完钻井 2 口，平均水垂比 0.59、P25 水垂比 0.88、P50 水垂比 0.89、P75 水垂比 0.90。2019 年统计完钻井 3 口，平均水垂比 0.38、P25 水垂比 0.39、P50 水垂比 0.42、P75 水垂比 0.57。

2020 年统计完钻井 2 口，平均水垂比 0.71、P25 水垂比 0.76、P50 水垂比 1.07、P75 水垂比 1.38。

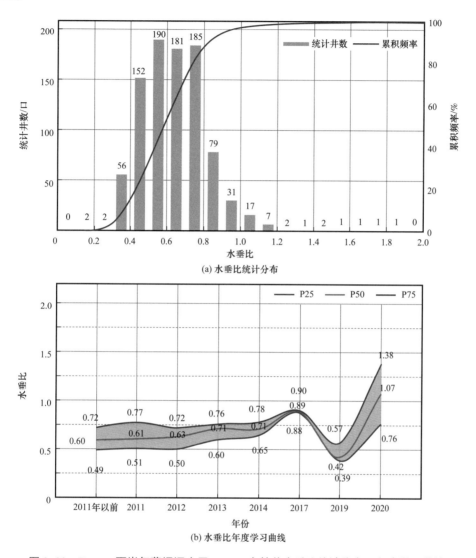

(a) 水垂比统计分布

(b) 水垂比年度学习曲线

图 3-33 Barnett 页岩气藏埋深小于 2000m 完钻井水垂比统计分布及年度学习曲线

3.4.2 中深层井

Barnett 页岩气藏埋深 2000～2500m 中深层累计完钻水平井 4795 口，水垂比范围 0.28～2.36，所有水平井平均水垂比 0.61、P25 水垂比 0.57、P50 水垂比 0.65、P75 水垂比 0.75。

图 3-34 给出了 Barnett 页岩气藏埋深 2000～2500m 完钻井水垂比统计分布及年度学习曲线。统计分布图显示，水垂比 0.2～0.4 区间完钻水平井 907 口，统计占比 18.9%。水垂比 0.4～0.6 区间完钻水平井 1952 口，统计占比 40.7%。水垂比 0.6～0.8 区

间完钻水平井 1425 口,统计占比 29.8%。水垂比 0.8～1.0 区间完钻水平井 375 口,统计占比 7.8%。水垂比 1.0～1.2 区间完钻水平井 114 口,统计占比 2.4%。水垂比 1.2～1.4 区间完钻水平井 13 口,统计占比 0.3%。水垂比 1.4～1.6 区间完钻水平井 6 口,统计占比 0.1%。

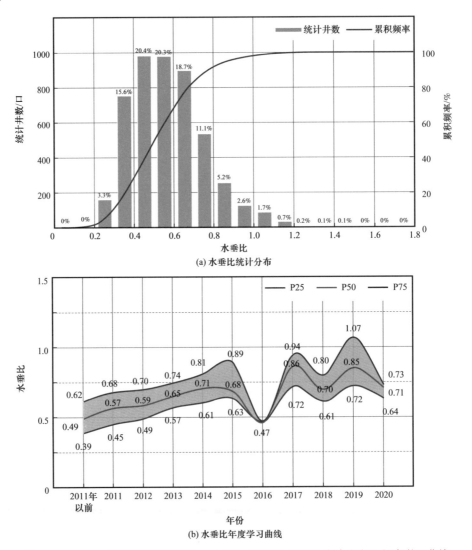

图 3-34 Barnett 页岩气藏埋深 2000～2500m 完钻井水垂比统计分布及年度学习曲线

水垂比年度学习曲线显示,2011 年以前统计完钻井 2445 口,平均水垂比 0.52、P25 水垂比 0.39、P50 水垂比 0.49、P75 水垂比 0.62。2011 年统计完钻井 980 口,平均水垂比 0.58、P25 水垂比 0.45、P50 水垂比 0.57、P75 水垂比 0.68。2012 年统计完钻井 598 口,平均水垂比 0.61、P25 水垂比 0.49、P50 水垂比 0.59、P75 水垂比 0.70。2013 年统计完钻井 427 口,平均水垂比 0.65、P25 水垂比 0.57、P50 水垂比 0.65、P75 水垂比 0.74。2014 年统计完钻井 223 口,平均水垂比 0.72、P25 水垂比 0.61、P50 水垂比 0.71、P75

水垂比 0.81。2015 年统计完钻井 29 口，平均水垂比 0.70、P25 水垂比 0.63、P50 水垂比 0.68、P75 水垂比 0.89。2016 年统计完钻井 1 口，水垂比 0.47。2017 年统计完钻井 30 口，平均水垂比 0.78、P25 水垂比 0.72、P50 水垂比 0.86、P75 水垂比 0.94。2018 年统计完钻井 46 口，平均水垂比 0.77、P25 水垂比 0.61、P50 水垂比 0.70、P75 水垂比 0.80。2019 年统计完钻井 13 口，平均水垂比 0.78、P25 水垂比 0.72、P50 水垂比 0.85、P75 水垂比 1.07。2020 年统计完钻井 3 口，平均水垂比 0.51、P25 水垂比 0.64、P50 水垂比 0.71、P75 水垂比 0.73。

Barnett 页岩气藏埋深大于 2500m 区间完钻水平井 1020 口，水垂比范围 0.09~1.11，平均水垂比 0.48、P25 水垂比 0.51、P50 水垂比 0.60、P75 水垂比 0.67。图 3-35 给出了 Barnett 页岩气藏埋深大于 2500m 完钻井水垂比统计分布及年度学习曲线。完钻井水垂比统计分布显示，水垂比低于 0.4 区间完钻水平井 311 口，统计占比 30.5%。水垂比 0.4~0.6 完钻水平井 494 口，统计占比 48.4%。水垂比 0.6~0.8 区间完钻水平井 185 口，统计占比 18.1%。水垂比 0.8~1.0 区间完钻水平井 29 口，统计占比 2.9%。水垂比 1.0~1.2 区间完钻水平井 1 口，统计占比 0.1%。

水垂比年度学习曲线显示，2011 年以前统计完钻井 583 口，平均水垂比 0.45、P25 水垂比 0.35、P50 水垂比 0.44、P75 水垂比 0.54。2011 年统计完钻井 144 口，平均水垂比 0.50、P25 水垂比 0.42、P50 水垂比 0.49、P75 水垂比 0.56。2012 年统计完钻井 94 口，平均水垂比 0.51、P25 水垂比 0.43、P50 水垂比 0.51、P75 水垂比 0.58。2013 年统计完钻井 77 口，平均水垂比 0.51、P25 水垂比 0.41、P50 水垂比 0.52、P75 水垂比 0.61。2014 年统计完钻井 70 口，平均水垂比 0.53、P25 水垂比 0.41、P50 水垂比 0.56、P75 水垂比 0.64。2015 年统计完钻井 14 口，平均水垂比 0.62、P25 水垂比 0.49、P50 水垂比 0.72、P75 水垂比 0.79。2016 年统计完钻井 2 口，平均水垂比 0.37。2017 年统计完钻井 10 口，平均水垂比 0.65、P25 水垂比 0.65、P50 水垂比 0.70、P75 水垂比 0.79。2018 年统计完钻井 9 口，平均水垂比 0.74、P25 水垂比 0.83、P50 水垂比 0.86、P75 水垂比 0.89。2019 年统计完钻井 13 口，平均水垂比 0.70、P25 水垂比 0.67、P50 水垂比 0.81、P75 水垂比 0.85。2020 年统计完钻井 4 口，平均水垂比 0.39、P25 水垂比 0.43、P50 水垂比 0.44、P75 水垂比 0.50。

3.4.3　水垂比图版

不同埋深范围完钻井水垂比年度变化趋势及主体分布可供同类型或类似页岩油气藏钻完井参考借鉴。图 3-36 给出了 Barnett 页岩气藏完钻井平均水垂比图版。水垂比图版显示，不同埋深范围完钻井水垂比存在显著差异，随埋深增加水垂比呈下降趋势。相同埋深范围，水垂比呈逐年上升趋势。埋深小于 2000m 完钻井水垂比平均年度先降后升，2020 年完钻井平均水垂比为 0.71。埋深 2000~2500m 完钻井水垂比平均年度自 2014 年后下降，2019 年完钻井平均水垂比为 0.38。埋深大于 2500m 完钻井水垂比平均年度起伏较大，2020 年完钻井平均水垂比为 0.39。

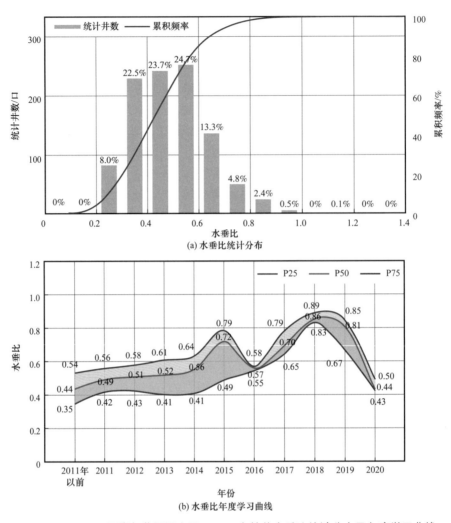

图 3-35 Barnett 页岩气藏埋深大于 2500m 完钻井水垂比统计分布及年度学习曲线

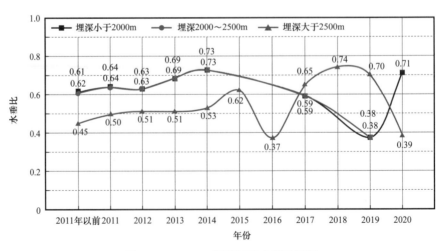

图 3-36 Barnett 页岩气藏水垂比图版

3.5　钻井周期

钻井周期是指钻井中从第一次开钻到完钻（即钻完本井设计全部进尺，井深达到地质设计要求）的全部时间，是反映钻井速度快慢的一个重要技术经济指标，是钻井井史资料中的必要数据。页岩气水平井钻井周期不仅影响单井投产速度和气藏建产节奏，同时还直接影响钻完井成本。对于采用"日费制"钻完井工作模式的气藏，页岩气水平井钻井周期直接决定钻完井成本。页岩气水平井钻井周期受地层复杂程度、垂深、水平段长、水垂比、靶体层位性质、窗口范围、钻完井设备水平等多种因素影响。

图 3-37 给出了 Barnett 页岩气藏完钻水平井钻井周期散点分布图，本次累计统计该气藏历年完钻水平井 6478 口，钻井周期范围 3～65d，平均单井钻井周期 16d、P25 钻井周期 12d、P50 钻井周期 16d、P75 钻井周期 26d。

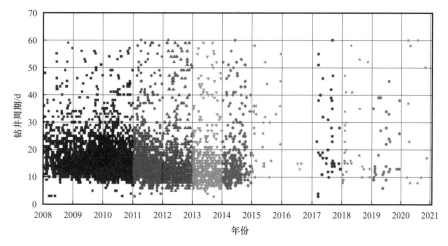

图 3-37　Barnett 页岩气藏完钻水平井钻井周期散点分布图

图 3-38 给出了 Barnett 页岩气藏完钻水平井钻井周期统计分布图。水平井钻井周期统计分布显示，钻井周期 0～5d 区间完钻水平井 14 口，统计占比 0.2%。钻井周期 5～10d 区间完钻水平井 610 口，统计占比 9.4%。钻井周期 10～15d 区间完钻水平井 2566 口，统计占比 39.6%。钻井周期 15～20d 区间完钻水平井 1712 口，统计占比 26.4%。钻井周期 20～25d 区间完钻水平井 682 口，统计占比 10.5%。钻井周期 25～30d 区间完钻水平井 329 口，统计占比 5.1%。钻井周期 30～35d 区间完钻水平井 171 口，统计占比 2.6%。钻井周期 35～40d 区间完钻水平井 121 口，统计占比 1.9%。钻井周期 40～45d 区间完钻水平井 94 口，统计占比 1.5%。钻井周期 45～50d 区间完钻水平井 76 口，统计占比 1.2%。钻井周期 50～55d 区间完钻水平井 50 口，统计占比 0.8%。钻井周期 55～60d 区间完钻水平井 47 口，统计占比 0.7%。钻井周期 60～65d 区间完钻水平井 6 口，统计占比 0.1%。

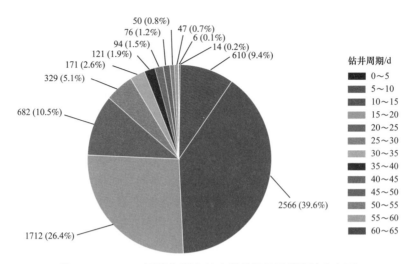

图 3-38　Barnett 页岩气藏完钻水平井钻井周期统计分布图

　　图 3-39 给出了 Barnett 页岩气藏所有完钻水平井钻井周期年度学习曲线。2011 年前统计水平井 3494 口，平均钻井周期 18d、P25 钻井周期 13d、P50 钻井周期 16d、P75 钻井周期 20d。2011 年统计水平井 1227 口，平均钻井周期 16d、P25 钻井周期 11d、P50 钻井周期 13d、P75 钻井周期 17d。2012 年统计水平井 775 口，平均钻井周期 16d、P25 钻井周期 10d、P50 钻井周期 12d、P75 钻井周期 17d。2013 年统计水平井 520 口，平均钻井周期 15、P25 钻井周期 10d、P50 钻井周期 12d、P75 钻井周期 16d。2014 年统计水平井 316 口，平均钻井周期 17d、P25 钻井周期 10d、P50 钻井周期 13d、P75 钻井周期 18d。2015 年统计水平井 30 口，平均钻井周期 27d、P25 钻井周期 16d、P50 钻井周期 29d、P75 钻井周期 36d。2016 年统计水平井 3 口，平均钻井周期 11d、P25 钻井周期 14d、P50 钻井周期 15d、P75 钻井周期 15d。2017 年统计水平井 41 口，平均钻井周期 24d、P25 钻井周期 15d、P50 钻井周期 19d、P75 钻井周期 35d。2018 年统计水平井 31 口，平均钻井周期 23d、P25 钻井周期 13d、P50 钻井周期 18d、P75 钻井周期 32d。2019 年统计水平井 30 口，平均钻井周期 20d、P25 钻井周期 12d、P50 钻井周期 14d、P75 钻井周期 28d。2020 年统计水平井 11 口，平均钻井周期 28d、P25 钻井周期 10d、P50 钻井周期 23d、P75 钻井周期 54d。

　　图 3-40 给出了 Barnett 页岩气藏水平井钻井周期影响因素相关系数矩阵图。利用许可日期、垂深、测深、水平段长、水垂比和钻井周期计算相关系数，明确不同因素与钻井周期的相关系数。相关系数矩阵显示钻井周期与测深、垂深、水平段长和许可日期相关，相关系数分别为 0.1579、0.2199、0.0585 和 –0.1363。水垂比与水平井钻井周期之间不存在相关性。

　　图 3-41 给出了 Barnett 页岩气藏完钻水平井钻井周期图版。选取年份和测深两个维度统计分析不同年度和不同测深范围水平井钻井周期变化趋势。在相同测深范围水平井

钻井周期整体呈波动变换，且不同测深范围水平井钻井周期下降幅度存在显著差异。随水平井测深增加，钻井周期在 2013—2015 年度降幅呈增加趋势。2020 年，测深小于 3500m 水平井平均钻井周期 21.7d、测深 3500～4000m 完钻水平井平均钻井周期 32d、测深 4000～4500m 完钻水平井平均钻井周期 20.75d、测深大于 4500m 完钻水平井，在 2019 年平均钻井周期 18.6d。

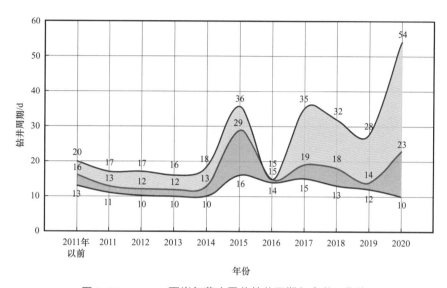

图 3-39　Barnett 页岩气藏水平井钻井周期年度学习曲线

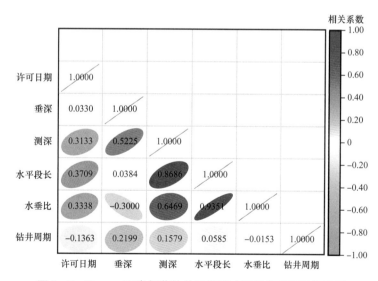

图 3-40　Barnett 页岩气藏钻井周期影响因素相关系数矩阵图

图 3-42 给出了 Barnett 页岩气藏不同垂深和测深范围内水平井钻井周期图版。在同一垂深范围内，随水平井测深增加，单井钻井周期呈增加趋势。相同测深范围内，测深大于 3500m，随垂深增加，水平井钻井周期整体呈增加趋势。

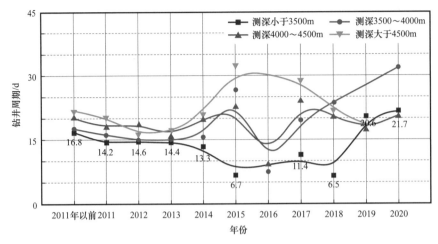

图 3-41　Barnett 页岩气藏水平井钻井周期图版

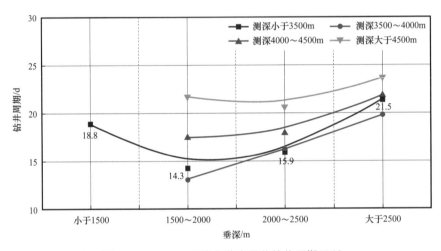

图 3-42　Barnett 页岩气藏水平井钻井周期图版

3.6　本章小结

　　Barnett 页岩气藏水平井钻完井主要采用平台工厂化作业模式，油气作业公司通过技术进步和钻完井设备升级不断升级钻完井工程参数。水平井完钻水平段长、水垂比和测深参数整体呈逐年增加趋势。中浅层埋深低于 2000m 完钻水平段长、测深及水垂比逐年大幅增加，钻完井技术日趋完善，通过大幅增加水平段长提高开发效益。中深层埋深2000～3500m 完钻井水平段长同样呈逐年大幅增加趋势。深层埋深超过 3500m 完钻井水平段长呈逐年小幅增加趋势。随埋深增加，平均完钻水平段长呈下降趋势，整体钻完井技术要求增加。

第4章　水平井分段压裂

水平井分段压裂储层改造技术是页岩气实现规模效益开发的两大关键技术之一，通常利用封隔器或桥塞分段实施逐段压裂，可在水平井筒中压开多条裂缝从而有效改造储层并提高单井产量。页岩储层具有低孔特征和极低的基质渗透率，因此压裂是页岩气开发的主体技术。目前，北美页岩气逐渐形成了以水平井套管完井、分簇射孔、快速可钻式桥塞封隔、大规模滑溜水或"滑溜水＋线性胶"分段压裂、同步压裂为主，以实现"体积改造"为目的的页岩气压裂主体技术。

世界上最早发现并进行页岩气勘探开发的国家是美国。上溯到19世纪20年代，美国诞生世界上第一口页岩气井。并且美国也是世界上第一个实现页岩气商业开采的国家。伴随着页岩气的大规模开发，页岩气压裂技术也不断进步与提高。针对美国来讲，页岩气压裂技术发展主要有三个阶段，分别是探索阶段、快速发展阶段和推广应用阶段。在探索起步阶段，当时美国主要依靠硝化甘油爆炸达到增产效果的技术来进行大量的生产，随后到1981年，美国水力压裂技术的进步，实现了页岩气井成功的压裂改造，证明了水力压裂技术开采页岩气的技术可行性，在页岩气开采技术方面取得了重大突破。在快速发展阶段，1997年首次将滑溜水压裂液运用到页岩气的开采之中，两年之后，重复压裂技术的问世，使得页岩气增产效果显著。21世纪初，水平井分压技术实验取得巨大成功。在推广应用阶段，水平井分段压裂和清水压裂的快速推广，在页岩气开采中广泛应用，2005年，同步压裂技术的出现，使得页岩气开采模式发展成"工厂化"压裂模式。

随着工厂化作业模式日趋成熟，页岩气水平井分段压裂技术得以广泛推广应用。页岩气水平井分段压裂也称为页岩气水平井体积压裂技术，即在形成一条或多条主裂缝的同时，通过多簇射孔、高排量、大液量、低黏液体及转向材料的应用，实现对天然裂缝、岩石层理的沟通，并在主裂缝的侧向强制形成次生裂缝，并在次生裂缝上继续分支形成次生裂缝。通过构建主裂缝与次生裂缝形成的复杂裂缝网络系统实现裂缝与基质接触面积最大化，实现储层在长、宽、高三维方向的全面改造，最终提高页岩气水平井单井产量。

页岩气藏压裂包含水平井分段压裂、同步压裂和连续油管分层压裂工艺技术。有效开采页岩气的主体技术是水平井分段压裂技术。水平井分段压裂技术有多种，例如，水力喷射分段压裂技术、双封单卡分段压裂技术等。水力喷射分段压裂是射孔、压裂、隔离一体化增产措施，不需要封隔器，可以实现一趟管柱多段压裂，这样不但可以提高效率和增强安全性，也可以减少施工风险从而降低伤害和成本。水力喷射分段压裂技术的技术难点有：喷砂射孔参数的计算、喷射起裂、水力封隔、喷射压裂工具的使用。水力喷射分段压裂的关键在于控制喷射压力和环空压力排量。水力喷射分段压裂技术的原理是依据于伯努利原理，通过将压力能转化为动能，通过在施工管柱上安装的水力喷射工具，使其高速流体的冲击作用在地层上形成一个或多个喷射孔道，从而产生裂缝，从而实现压裂。该项技术在全世界范围内应用十分广泛并且发展快速，在世界各国得到了很好的应用。

同步压裂技术是指在页岩气开采过程中实行两口或以上的配对井一并进行一起压裂，同步压裂采用的是将压力液及支撑剂在一定高压下，从这口井到另一口井移动距离最小的方式，通过增强水力压裂裂缝网络的表面积和密度，借助井与井之间的相互连通的优势从而增加工作区裂缝的程度和强度，最大限度地连通天然裂缝。借助于相邻井同时压裂期间产生的应力干扰，造出更多网络裂缝、改造更大的储层体积的压裂技术。同步压裂技术由最初的两口相互接近并且深度大致一样的水平井之间的同时压裂，到现在已经发展成四口井同时压裂。同步压裂在对页岩气井短期内的增产效果十分显著，并且对工作区间的环境影响相对较小、速度快、节约压裂的成本，是页岩气开采开发过程中常用的压裂技术。

连续油管分层压裂技术是目前所有压裂工艺中，效率最高、成本最低的，是集定位、射孔、压裂、层间隔离于一体，将会是今后油气藏改造最具竞争力的技术。连续油管分层压裂技术是应用在直井的压裂作业技术。该技术适合具有多个薄油、气层的直井进行逐层压裂工作，主要的优点有：（1）起下压裂管柱快，可以大量缩短作业时间；可以单井工作，成本低；（2）可以在平衡不足的条件下进行施工作业，从而减少甚至避免对油气层的伤害；（3）可以使每个小层都能得到压裂改造，提高井的增产效果。其工作原理主要是通过提升直井段的压裂效果，使得页岩气生成较多的新的人工裂缝，从而提升储气层的渗透效果。这一技术已经在各大气田取得了广泛的应用，取得了较好的效果。

压裂液体系是页岩气水平井分段压裂供给技术中的关键组成部分。压裂液就是对天然气层进行压裂和改造时采用的一种液体，是由多种化学添加剂按一定配比混合形成的非均质不稳定化学体系，它的作用就是将设备所产生的高压传递到地层中，从而让地层破裂产生的裂缝，并通过裂缝输送支撑剂。压裂液在不同阶段有着不同的作用，也有许多不同的类型，主要包括滑溜水压裂液、清水压裂液和纤维素压裂液，以滑溜水压裂液为主。

滑溜水压裂液是指在清水中加入一定量支撑剂及极少量的减阻剂、表面活性剂、黏土稳定剂等添加剂的一种压裂液，又叫作减阻水压裂液。其主要是针对页岩气改造而兴起的一项技术。这种压裂液中，减阻剂是其最核心的添加剂。滑溜水压裂液通常应用在储层天然裂缝脆性较高且黏土矿物含量相对较少的页岩储层。它的主要优势在于摩擦阻力较低、黏度较低，并且相关成本也比较低，对地层的伤害小，支撑剂的用量也较少。

滑溜水压裂液在使用时不需要添加较多的添加剂，形成裂缝较为简单并且成本比较低，这些都保障了导流的能力和导流的效果。

清水压裂液应用在清水压裂技术上，在这种压裂液的组成中，水占大多数，然后在其中添加少量的减阻剂、表面活性剂和黏土稳定剂。另外清水压裂液是一种清洁型压裂液，清水压裂液主要应用于脆性较高、水敏性较弱的地层。因为其对储层伤害较小且成本偏低，与常规的冻胶压裂液相比，清水压裂液明显更占优势。同时清水压裂液还具有出众的环保性和清洁性，并凭借这两点得到了各界社会的关注，是当前比较热门的研究方向。并且自 20 世纪末以来，清水压裂液就在页岩气的开发中得到了广泛的使用。

纤维素压裂液，顾名思义就是在压裂液中加入一些纤维物质，一般是添加纤维素衍生物或者纤维材料。通过加入纤维物质从而使压裂液的携砂能力得以提升，并且能够有效地控制住稠化剂残渣的产生，从而大大减少了对地层的损害和影响。纤维素压裂液中需要添加网状纤维结构，从而加强对沙粒下沉阻力的有效控制，稳定性平衡的实现，全面地加强了裂缝的导流效率，大大提升和保障了页岩气的产能。

页岩气水平井分段压裂技术发展方向包括提升页岩气压裂施工效率、电动泵压裂技术的应用、改善页岩气的渗流条件和降低页岩气压裂对环境的影响。开采成本的提升会在一定程度上制约着页岩气的开发。因此，提升压裂施工的效率和质量，降低开采的成本能够对页岩气压裂技术的发展产生重要影响。通过研究发现，在开发水平井时，把压裂段数变成少、精和准是提升页岩气压裂施工效率和质量的重要方式。想要提升压裂作业的效率，防止出现无效的压裂作业，国内外均对有效识别断层、出水层段等监测技术进行了相应的研究和分析，在这样的情况下就能够提升页岩气压裂技术的应用效率。但是，从现阶段开发和应用的现状出发，想要更加准确地进行压裂，还需要对该项技术进行更加深层次的研究和分析。因此，提升页岩气压裂施工的效率是页岩气压技术的发展方向。

电动泵压裂技术是未来压裂泵系统从"机械驱动时代"转变到"电动、数字控制、绿色环保、智能化时代"的发展方向，研究意义非常之大。它是将机电相融合及电机直驱技术，使电机与压裂泵形成一体化的设计，采用电机顶置方式然后驱动压裂泵，利用电力系统，火力发电和电网提供动力能源，采用电力驱动能实现向地层注入高压液体，替代了之前的柴油机、变矩器和变速箱。电动压裂泵具有压裂成本相对较低、环保、智能、噪声低等优点，这为页岩气的开发生产提供了一个不一样的方向，逐步提升页岩气的勘探开采水平，从而达到页岩气开发生产的行业标准。

页岩气的渗流成为影响页岩气产量的重要因素。在进行压裂的过程中，由于在裂缝中嵌入支撑剂，就在一定程度上降低了裂缝的导流能力和水平。但是高速通道压裂技术转变了传统的压裂理念和方式。有效结合完井技术、填砂技术等，合理加入支撑剂，使页岩气的渗流状态更加完善。此项技术广泛地应用到世界各地。并且统计结果显示，和正常的压裂相比，该项技术能够提升资源的开采效率和产量。水平井能够完善页岩气的渗流状态。但是，复杂结构井和水平井相比更具有优势，把复杂结构井作为关键的技术是开发油气资源的高效方式。在试验水平井压裂技术时，运用双分支水平井能够使页岩气的产量提升近20%，但是成本却能降低近30%，展现出了水平井压裂技术的巨大潜力。在进行页岩气开采的过程中，双分支或者是多分支的复杂结构均成为页岩气压裂的发展趋势。

在开采页岩气的过程中会运用很多的水资源，进而造成水资源的紧张。根据相关统计，压裂液会对生态环境产生一定的影响，间接地破坏生态环境。因为在进行压裂时，超过80%的压裂液不能进行返排。另外，由于压裂液中有杀菌剂、阻垢剂和润滑剂等不同的化学药品，会严重污染地下水。在此情况下，降低页岩气压裂对环境的影响是发展页岩气压技术的关键和发展趋势。同时，在开发页岩气的过程中发展无水压裂技术已经成为页岩气压裂发展的重点。

页岩气水平井分段压裂关键参数包括压裂水平段长、单井压裂段数、压裂支撑剂量、压裂液量、平均段间距、簇间距、加砂强度、用液强度和排量等。本节对 Barnett 深层页岩气藏水平井单井压裂段数、支撑剂量、压裂液量、平均段间距、加砂强度和用液强度进行了统计分析。其中加砂强度和用液强度是指单位水平段长支撑剂和压裂液用量，反映了压裂规模，横向不同区块和井间具备可对比性。

4.1 压裂段数

图 4-1 给出了 Barnett 页岩气藏水平井压裂段数散点分布图，统计分段压裂水平井 243 口，单井压裂段数范围 10～20 段，P25 单井压裂段数 10 段、P50 单井压裂段数 11 段、P75 单井压裂段数 14 段、M50 单井压裂段数 11.6 段。

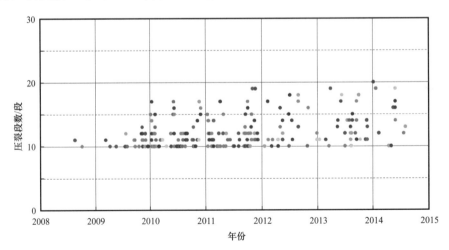

图 4-1 Barnett 页岩气藏水平井压裂段数散点分布图

图 4-2 给出了 Barnett 页岩气藏水平井压裂段数分布统计图，水平井分段压裂段数分布在 10～20 段。统计水平井中，单井压裂段数 10～12 段统计水平井 123 口，占比 50.6%。单井压裂段数 12～14 段统计水平井 55 口，占比 22.7%。单井压裂段数 14～16 段统计水平井 35 口，占比 14.4%。单井压裂段数 16～18 段统计水平井 20 口，占比 8.2%。单井压裂段数 18～20 段统计水平井 10 口，占比 4.1%。统计水平井中单井压裂段数主体集中在 10～14 段区间。

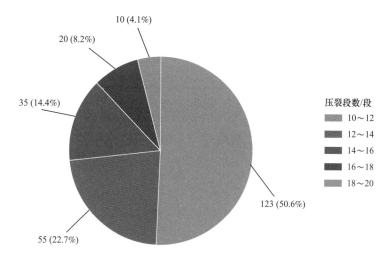

图 4-2　Barnett 页岩气藏水平井压裂段数分布统计图

图 4-3 给出了 Barnett 页岩气藏水平井不同年度压裂段数统计图。受完钻井水平段长逐年增加的影响，单井压裂段数总体呈逐年上升趋势。2011 年开始，统计水平井 P50 压裂段数整体超过 12 段。

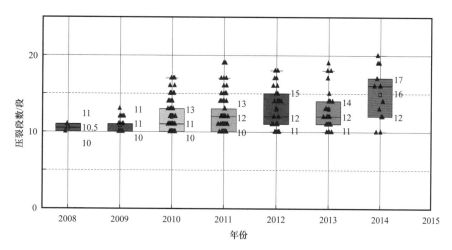

图 4-3　Barnett 页岩气藏水平井不同年度压裂段数统计图

图 4-4 给出了 Barnett 页岩气藏完钻井水平段长与压裂段数统计关系图。统计关系显示，单井压裂段数随完钻水平段长增加而增加。统计线性关系显示斜率为 0.00835。

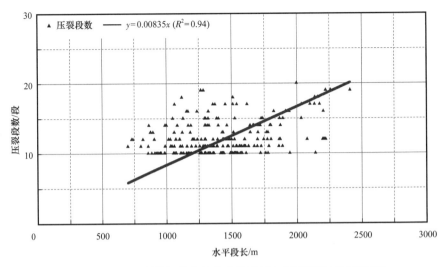

图 4-4　Barnett 页岩气藏完钻井水平段长与压裂段数统计关系图

4.2　压裂液量

　　页岩气开发水力压裂原理是利用储层的天然或诱导裂缝系统，将含有各种添加剂成分的压裂液在高压下注入地层，使储层裂缝网络扩大，并依靠支撑剂使裂缝在压裂液返回以后不会封闭，从而改善储层的裂缝网络系统，达到增产的目的。

　　压裂液是指由多种添加剂按一定配比形成的非均质不稳定的化学体系，是对油气层进行压裂改造时使用的工作液，它的主要作用是将地面设备形成的高压传递到地层中，使地层破裂形成裂缝并沿裂缝输送支撑剂。压裂液是一个总称，由于在压裂过程中，注入井内的压裂液在不同的阶段有各自的作用，故按照压裂液体系主要作用可划分为前置液、携砂液和顶替液。前置液作用是破裂地层并造成一定几何尺寸的裂缝，同时还起到一定的降温作用。携砂液起到将支撑剂带入裂缝中并放在预定位置上的作用，在压裂中占比最大。携砂液和其他压裂液一样，都有造缝及冷却地层的作用。顶替液作用是将井筒中的携砂液全部替入到裂缝中。

　　页岩储层中含有黏土矿物，水敏性黏土矿物遇水溶解后会导致井壁发生坍塌事故，这是页岩储层钻井及压裂都面临的主要问题，因此合理配置压裂液，选择添加剂成分及比重对页岩储层压裂至关重要，使用恰当性能的压裂液是提高页岩气井压裂经济效益的重要措施。

　　图 4-5 给出了 Barnett 页岩气藏水平井单井压裂液量散点分布，统计水平井 3432 口，单井压裂液量范围 389～155161m³，平均单井压裂液量 17762m³，P25 单井压裂液量 12230m³，P50 单井压裂液量 16657m³，P75 单井压裂液量 21645m³，M50 单井压裂液量 16691m³。

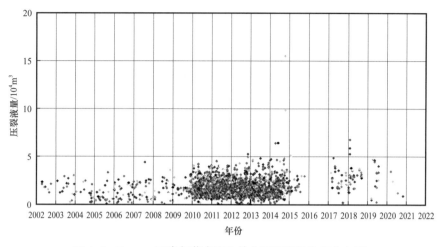

图 4-5　Barnett 页岩气藏水平井单井压裂液量散点分布图

图 4-6 给出了 Barnett 页岩气藏水平井压裂液量统计分布图。分区间统计结果显示，单井压裂液量低于 10000m³ 水平井 492 口，占比 14.4%。单井压裂液量 10000~20000m³ 水平井 1847 口，占比 53.8%。单井压裂液量 20000~30000m³ 水平井 848 口，占比 24.7%。单井压裂液量 30000~40000m³ 水平井 183 口，占比 5.3%。单井压裂液量 40000~50000m³ 水平井 48 口，占比 1.4%。单井压裂液量 50000~60000m³ 水平井 6 口，占比 0.2%。单井压裂液量 60000~70000m³ 水平井 3 口，占比 0.1%。单井压裂液量超过 70000m³ 水平井 5 口，占比 0.1%。单井压裂液量区间统计分布显示，Barnett 页岩气藏单井压裂液量主体集中在 10000~30000m³ 区间。

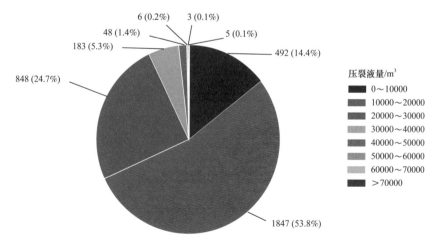

图 4-6　Barnett 页岩气藏水平井压裂液量统计分布图

图 4-7 给出了 Barnett 页岩气藏单井压裂液量年度学习曲线，利用 P25、P50 和 P75 单井压裂液量统计参数给出不同年度单井压裂液量主体分布范围。2011 年以前统计水平井 775 口，平均单井压裂液量 $1.69 \times 10^4 m^3$、P25 单井压裂液量 $1.15 \times 10^4 m^3$、P50 单井压裂液量 $1.65 \times 10^4 m^3$、P75 单井压裂液量 $2.13 \times 10^4 m^3$。2011 年统计水平井 860 口，

平均单井压裂液量 $1.67 \times 10^4 m^3$、P25 单井压裂液量 $1.12 \times 10^4 m^3$、P50 单井压裂液量 $1.55 \times 10^4 m^3$、P75 单井压裂液量 $2.07 \times 10^4 m^3$。2012 年统计水平井 765 口，平均单井压裂液量 $1.79 \times 10^4 m^3$、P25 单井压裂液量 $1.28 \times 10^4 m^3$、P50 单井压裂液量 $1.73 \times 10^4 m^3$、P75 单井压裂液量 $2.16 \times 10^4 m^3$。2013 年统计水平井 566 口，平均单井压裂液量 $1.73 \times 10^4 m^3$、P25 单井压裂液量 $1.31 \times 10^4 m^3$、P50 单井压裂液量 $1.59 \times 10^4 m^3$、P75 单井压裂液量 $2.04 \times 10^4 m^3$。2014 年统计水平井 333 口，平均单井压裂液量 $1.94 \times 10^4 m^3$、P25 单井压裂液量 $1.24 \times 10^4 m^3$、P50 单井压裂液量 $1.72 \times 10^4 m^3$、P75 单井压裂液量 $2.27 \times 10^4 m^3$。2015 年统计水平井 34 口，平均单井压裂液量 $2.23 \times 10^4 m^3$、P25 单井压裂液量 $1.54 \times 10^4 m^3$、P50 单井压裂液量 $1.88 \times 10^4 m^3$、P75 单井压裂液量 $2.67 \times 10^4 m^3$。2017 年统计水平井 34 口，平均单井压裂液量 $2.66 \times 10^4 m^3$、P25 单井压裂液量 $1.96 \times 10^4 m^3$、P50 单井压裂液量 $2.52 \times 10^4 m^3$、P75 单井压裂液量 $3.43 \times 10^4 m^3$。2018 年统计水平井 44 口，平均单井压裂液量 $3.09 \times 10^4 m^3$、P25 单井压裂液量 $2.64 \times 10^4 m^3$、P50 单井压裂液量 $2.96 \times 10^4 m^3$、P75 单井压裂液量 $3.44 \times 10^4 m^3$。2019 年统计水平井 16 口，平均单井压裂液量 $2.84 \times 10^4 m^3$、P25 单井压裂液量 $1.92 \times 10^4 m^3$、P50 单井压裂液量 $2.94 \times 10^4 m^3$、P75 单井压裂液量 $4.14 \times 10^4 m^3$。2020 年统计水平井 5 口，平均单井压裂液量 $1.85 \times 10^4 m^3$、P25 单井压裂液量 $1.19 \times 10^4 m^3$、P50 单井压裂液量 $1.23 \times 10^4 m^3$、P75 单井压裂液量 $2.45 \times 10^4 m^3$。

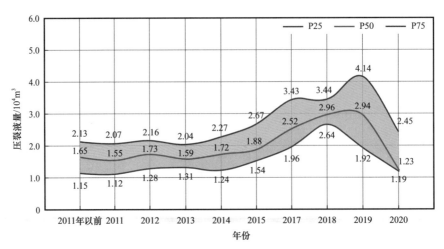

图 4-7　Barnett 页岩气藏水平井压裂液量年度学习曲线

　　Barnett 页岩气藏单井压裂液量整体呈逐年上升趋势，P50 单井压裂液量由初期 $1.55 \times 10^4 m^3$ 增加至 2019 年的 $2.94 \times 10^4 m^3$。图 4-8 给出了 Barnett 页岩气藏完钻井水平段长与压裂液量统计关系图。单井压裂液量直接与水平段长呈线性正相关关系，单井压裂液量随水平段长增加而增加。完钻井水平段长集中在 500～2500m 区间，压裂液量集中分布在 0～$4.0 \times 10^4 m^3$ 区间，水平段长与单井压裂液量线性拟合关系显示斜率为 0.00129，相关系数为 0.84。

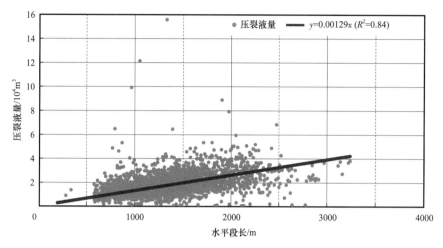

图 4-8　Barnett 页岩气藏完钻井水平段长与压裂液量统计关系图

4.3　支撑剂量

支撑剂是指具有一定粒度和级配的天然砂或人造高强陶瓷颗粒，用于保持压裂后裂缝的开启状态，从而保持裂缝网络的导流能力，为页岩油气产出提供流动通道。页岩油气水平井分段压裂施工中需要使用将大量支撑剂注入页岩储层实现裂缝支撑作用。单井支撑剂量受页岩储层物性、水平段长、压裂施工规模、压裂液携砂能力等多种因素影响。

对于滑溜水压裂液，通常采用小直径（40/70 目）支撑剂，对于天然裂缝发育的页岩地层需考虑更小粒径（100 目）支撑剂。这是因为在滑溜水中支撑剂的传送性能较差，采用小直径会在一定程度上改善悬浮性能，同时也能得到较高的裂缝导流能力。诱导裂缝中很大一部分得不到支撑，但由于页岩岩石脆性破碎、地层滑移和支撑剂的桥堵嵌入作用，裂缝体系内仍会形成"无限"导流区，即国外学者提出的"无支撑"裂缝导流能力。在早期的滑溜水压裂中，一些页岩油气井实施不加砂压裂同样获得了很好的生产效果，因此对于压裂时是否必须加支撑剂，目前业界尚存在争议。但更普遍的认识是：加砂能提高地层导流能力，有助于提高增产效果。

图 4-9 给出了 Barnett 页岩气藏水平井分段压裂支撑剂量散点分布图，统计水平井分段压裂支撑剂量样本 1719 口，单井压裂支撑剂量范围 67～9543t，平均单井压裂支撑剂量 1935t、P25 单井压裂支撑剂量 1224t、P50 单井压裂支撑剂量 1797t、P75 单井压裂支撑剂量 2428t、M50 单井压裂支撑剂量 1819t。单井压裂支撑剂量逐年呈增加趋势。

图 4-10 给出了 Barnett 页岩气藏水平井分段压裂支撑剂量统计分布图，统计结果显示，单井压裂支撑剂量低于 1000t 水平井 297 口，统计占比 17.3%。单井压裂支撑剂量 1000～2000t 水平井 685 口，统计占比 39.8%。单井压裂支撑剂量 2000～3000t 水平井 542 口，统计占比 31.5%。单井压裂支撑剂量 3000～4000t 水平井 119 口，统计占比 6.9%。单井压裂支撑剂量 4000～5000t 水平井 40 口，统计占比 2.3%。单井压裂支撑剂

量 5000~6000t 水平井 20 口，统计占比 1.2%。单井压裂支撑剂量 6000~7000t 水平井 12
口，统计占比 0.7%。单井压裂支撑剂量超过 7000t 水平井 4 口，统计占比 0.3%。

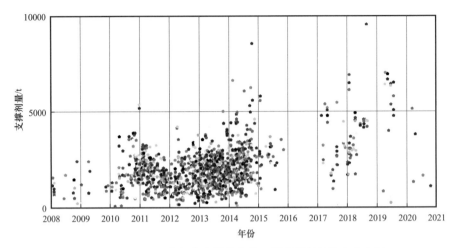

图 4-9   Barnett 页岩气藏水平井分段压裂支撑剂量散点分布图

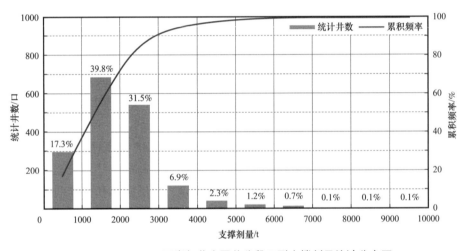

图 4-10   Barnett 页岩气藏水平井分段压裂支撑剂量统计分布图

图 4-11 给出了 Barnett 页岩气藏水平井单井压裂支撑剂量年度学习曲线。2011 年以
前统计水平井 241 口，平均单井压裂支撑剂量 1428t、P25 单井压裂支撑剂量 770t、P50
单井压裂支撑剂量 1294t、P75 单井压裂支撑剂量 1808t。2011 年统计水平井 261 口，平
均单井压裂支撑剂量 1723t、P25 单井压裂支撑剂量 1194t、P50 单井压裂支撑剂量 1724t、
P75 单井压裂支撑剂量 2236t。2012 年统计水平井 226 口，平均单井压裂支撑剂量 1549t、
P25 单井压裂支撑剂量 1011t、P50 单井压裂支撑剂量 1503t、P75 单井压裂支撑剂量
2078t。2013 年统计水平井 532 口，平均单井压裂支撑剂量 1864t、P25 单井压裂支撑剂量
1361t、P50 单井压裂支撑剂量 1892t、P75 单井压裂支撑剂量 2347t。2014 年统计水平井
326 口，平均单井压裂支撑剂量 2261t、P25 单井压裂支撑剂量 1558t、P50 单井压裂支撑
剂量 2140t、P75 单井压裂支撑剂量 2767t。2015 年统计水平井 34 口，平均单井压裂支撑

剂量 2685t、P25 单井压裂支撑剂量 2181t、P50 单井压裂支撑剂量 2661t、P75 单井压裂支撑剂量 3112t。2017 年统计水平井 34 口，平均单井压裂支撑剂量 3022t、P25 单井压裂支撑剂量 2108t、P50 单井压裂支撑剂量 2797t、P75 单井压裂支撑剂量 4452t。2018 年统计水平井 44 口，平均单井压裂支撑剂量 3934t、P25 单井压裂支撑剂量 2922t、P50 单井压裂支撑剂量 3752t、P75 单井压裂支撑剂量 4534t。2019 年统计水平井 16 口，平均单井压裂支撑剂量 4591t、P25 单井压裂支撑剂量 3195t、P50 单井压裂支撑剂量 5567t、P75 单井压裂支撑剂量 6453t。2020 年统计水平井 5 口，平均单井压裂支撑剂量 2591t、P25 单井压裂支撑剂量 1308t、P50 单井压裂支撑剂量 1633t、P75 单井压裂支撑剂量 3803t。

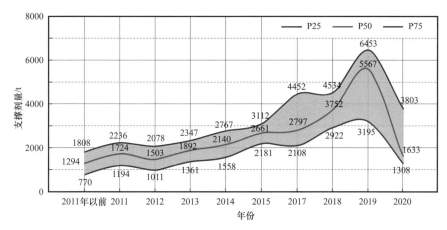

图 4-11　Barnett 页岩气藏水平井单井压裂支撑剂量年度学习曲线

由于 Barnett 页岩气藏水平井完钻水平段长逐年呈增加趋势，单井压裂支撑剂量整体呈逐年上升趋势。P50 单井支撑剂量由初期 1294t 增加至 2019 年的 5567t。图 4-12 给出了 Barnett 页岩气藏深层水平井对应水平段长与支撑剂量的统计关系图。单井支撑剂量直接与水平段长呈线性正相关关系，单井支撑剂量随水平段长增加而增加，统计线性关系斜率为 1.349，相关系数 0.83。

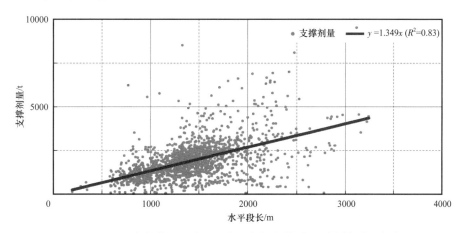

图 4-12　Barnett 页岩气藏深层水平井水平段长与单井压裂支撑剂量统计关系图

4.4 平均段间距

平均段间距是指页岩油气水平井分段压裂过程中相邻段间的平均间距。水平井分段压裂能够根据页岩储层性质及施工条件构建多条相互独立的人工裂缝改善渗流条件，进而提高水平井产能。平均段间距主要受页岩储层物性和压裂施工条件影响，也直接影响产能及压裂成本。平均段间距为水平井分段压裂关键参数之一，该参数可供不同区块或井间进行横向对比。

图 4-13 给出了 Barnett 页岩气藏水平井分段压裂平均段间距散点分布图，本次统计平均段间距水平井 244 口，平均段间距范围 60.6～213.9m，平均段间距 117.5m、P25 压裂段间距 94.7m、P50 压裂段间距 119.3m、P75 压裂段间距 135.6m、M50 压裂段间距 117.6m。

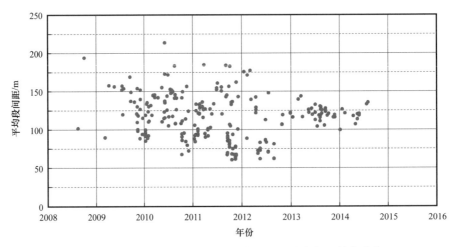

图 4-13　Barnett 页岩气藏水平井分段压裂平均段间距散点分布图

图 4-14 给出了 Barnett 页岩气藏水平井压裂平均段间距统计分布图。平均段间距 60～80m 区间统计水平井 26 口，统计占比 10.7%。平均段间距 80～100m 区间统计水平井 46 口，统计占比 18.9%。平均段间距 100～120m 区间统计水平井 56 口，统计占比 23.0%。平均段间距 120～140m 区间统计水平井 65 口，统计占比 26.6%。平均段间距 140～160m 区间统计水平井 37 口，统计占比 15.2%。平均段间距 160～180m 区间统计水平井 8 口，统计占比 3.3%。平均段间距 180～200m 区间统计水平井 5 口，统计占比 2.0%。平均段间距 200～220m 区间统计水平井 1 口，统计占比 0.4%。平均段间距主体分布在 60～160m 区间。

图 4-15 给出了 Barnett 页岩气藏水平井压裂平均段间距年度学习曲线。2008 年统计水平井 2 口，平均段间距 148.0m、P25 压裂段间距 124.9m、P50 压裂段间距 148.0m、P75 压裂段间距 171.1m。2009 年统计水平井 25 口，平均段间距 129.9m、

P25 压裂段间距 115.1m、P50 压裂段间距 130.2m、P75 压裂段间距 152.1m。2010 年统计水平井 66 口，平均段间距 122.8m、P25 压裂段间距 97.1m、P50 压裂段间距 121.2m、P75 压裂段间距 143.5m。2011 年统计水平井 75 口，平均段间距 111.2m、P25 压裂段间距 88.6m、P50 压裂段间距 105.1m、P75 压裂段间距 133.3m。2012 年统计水平井 31 口，平均段间距 103.9m、P25 压裂段间距 72.8m、P50 压裂段间距 88.8m、P75 压裂段间距 124.2m。2013 年统计水平井 32 口，平均段间距 121.7m、P25 压裂段间距 116.5m、P50 压裂段间距 120.4m、P75 压裂段间距 126.3m。2014 年统计水平井 13 口，平均段间距 119.6m、P25 压裂段间距 118.0m、P50 压裂段间距 120.0m、P75 压裂段间距 121.7m。

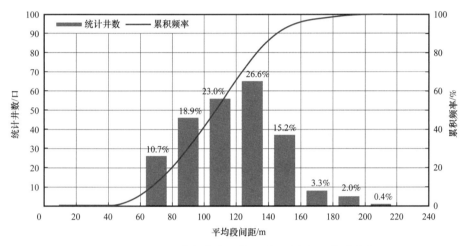

图 4-14 Barnett 页岩气藏水平井压裂平均段间距统计分布图

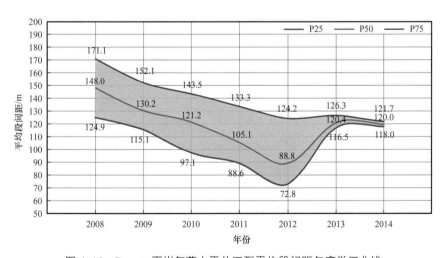

图 4-15 Barnett 页岩气藏水平井压裂平均段间距年度学习曲线

Barnett 页岩气藏水平井压裂平均段间距总体呈逐年缩小趋势，2013 和 2014 年略有提升。P50 压裂段间距由初期 148.0m 缩小至 2014 年的 120.0m。

4.5　用液强度

用液强度是指单位段长压裂用液量，一定限度上反映了水平井分段压裂强度。用液强度同样被视为页岩气水平井分段压裂关键参数之一，可供不同区块或井间对比分析。

图 4–16 给出了 Barnett 页岩气藏水平井分段压裂用液强度散点分布图，统计水平井分段压裂用液强度样本点 3380 口，用液强度范围 0.2～116.8m³/m，平均用液强度 13.5m³/m、P25 用液强度 10.2m³/m、P50 用液强度 12.8m³/m、P75 用液强度 15.8m³/m、M50 用液强度 12.8m³/m。

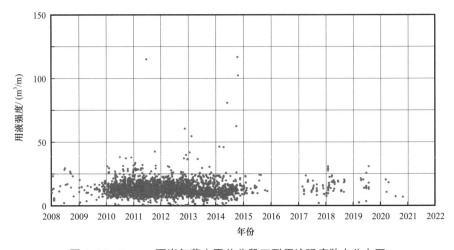

图 4–16　Barnett 页岩气藏水平井分段压裂用液强度散点分布图

图 4–17 给出了 Barnett 页岩气藏水平井分段压裂用液强度统计分布图。单井用液强度低于 5m³/m 水平井 89 口，统计占比 2.6%。单井用液强度 5～10m³/m 水平井 695 口，统计占比 20.6%。单井用液强度 10～15m³/m 水平井 1573 口，统计占比 46.5%。单井用液强度 15～20m³/m 水平井 725 口，统计占比 21.4%。单井用液强度 20～25m³/m 水平井 187 口，统计占比 5.5%。单井用液强度 25～30m³/m 水平井 74 口，统计占比 2.2%。单井用液强度 30～35m³/m 水平井 16 口，统计占比 0.5%。单井用液强度 35～40m³/m 水平井 9 口，统计占比 0.3%。单井用液强度超过 40m³/m 水平井 12 口，统计占比 0.4%。Barnett 页岩气藏水平井压裂用液强度主体分布在 5～25m³/m 区间。

图 4–18 给出了 Barnett 页岩气藏水平井分段压裂用液强度年度学习曲线。2011 年以前统计水平井 726 口，平均用液强度 14.4m³/m、P25 用液强度 10.8m³/m、P50 用液强度 13.5m³/m、P75 用液强度 16.9m³/m。2011 年统计水平井 860 口，平均用液强度 13.4m³/m、P25 用液强度 10.2m³/m、P50 用液强度 12.8m³/m、P75 用液强度 15.8m³/m。2012 年统计水平井 764 口，平均用液强度 13.7m³/m、P25 用液强度 10.8m³/m、P50 用液强度 13.6m³/m、P75 用液强度 15.8m³/m。2013 年统计水平井 566 口，平均用液强度 12.4m³/m、P25 用液强度 9.4m³/m、P50 用液强度 11.2m³/m、P75 用液强度 14.5m³/m。2014 年统计水平井 333

口，平均用液强度 12.8m³/m、P25 用液强度 9.1m³/m、P50 用液强度 11.3m³/m、P75 用液强度 13.6m³/m。2015 年统计水平井 33 口，平均用液强度 14.1m³/m、P25 用液强度 10.5m³/m、P50 用液强度 13.7m³/m、P75 用液强度 14.8m³/m。2017 年统计水平井 34 口，平均用液强度 13.6m³/m、P25 用液强度 11.4m³/m、P50 用液强度 12.8m³/m、P75 用液强度 16.5m³/m。2018 年统计水平井 43 口，平均用液强度 16.8m³/m、P25 用液强度 12.0m³/m、P50 用液强度 16.9m³/m、P75 用液强度 19.6m³/m。2019 年统计水平井 16 口，平均用液强度 15.7m³/m、P25 用液强度 13.5m³/m、P50 用液强度 15.0m³/m、P75 用液强度 20.5m³/m。2020 年统计水平井 5 口，平均用液强度 12.7m³/m、P25 用液强度 7.3m³/m、P50 用液强度 10.6m³/m、P75 用液强度 18.2m³/m。

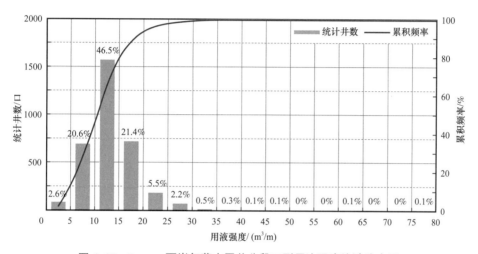

图 4-17　Barnett 页岩气藏水平井分段压裂用液强度统计分布图

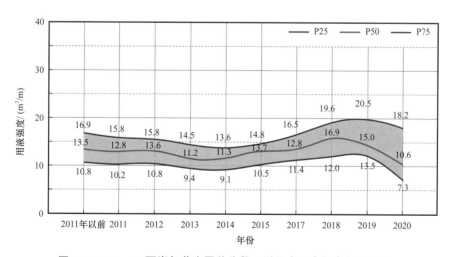

图 4-18　Barnett 页岩气藏水平井分段压裂用液强度年度学习曲线

Barnett 页岩气藏水平井压裂用液强度年度学习曲线显示，单井压裂用液强度整体在初期呈逐年增加趋势。2018 年单井压裂用液强度达到峰值，后续单井压裂用液强度有小幅下降趋势。2020 年，P50 单井压裂用液强度为 10.6m³/m。

图 4-19 给出了 Barnett 页岩气藏不同垂深范围水平井用液强度分布频率及 P50 用液强度曲线。不同垂深范围水平井用液强度分布频率呈单峰或双峰分布特征。垂深小于 2000m 水平井压裂用液强度呈双峰分布特征。垂深 2000～2500m 水平井压裂用液强度统计频率靠左侧呈单峰分布特征。垂深超过 2500m 水平井压裂用液强度统计频率靠左侧呈单峰分布特征。不同垂深范围水平井对应不同年度 P50 压裂用液强度统计曲线显示垂深大于 2500 米的井 P50 压裂用液强度基本呈逐年增加趋势。

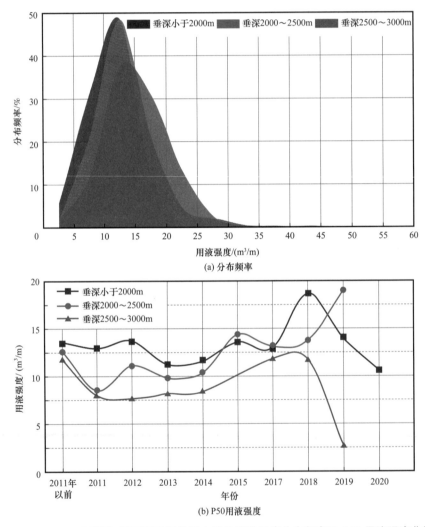

(a) 分布频率

(b) P50 用液强度

图 4-19 Barnett 页岩气藏不同垂深范围水平井用液强度分布频率及 P50 用液强度曲线

4.6 加砂强度

加砂强度是指单位段长支撑剂量，一定程度上反映了水平井分段压裂强度。加砂强度是页岩气水平井分段压裂核心参数之一。目前较为普遍的认识是提高加砂强度能够有助于提高单井产量。加砂强度为单位标准参数,可供不同区块或井间对比分析。

图 4-20 给出了 Barnett 页岩气藏水平井压裂加砂强度散点分布,统计水平井压裂加砂强度样本 1691 口,加砂强度范围 0.03~8.11t/m,平均压裂加砂强度 1.37t/m、P25 压裂加砂强度 0.99t/m、P50 压裂加砂强度 1.36t/m、P75 压裂加砂强度 1.66t/m、M50 压裂加砂强度 1.34t/m。加砂强度散点分布图显示水平井压裂加砂强度呈逐年增加趋势。

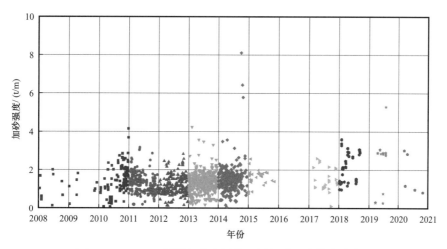

图 4-20 Barnett 页岩气藏水平井压裂加砂强度散点分布图

图 4-21 给出了 Barnett 页岩气藏水平井压裂加砂强度统计分布,统计显示加砂强度低于 0.5t/m 水平井 123 口,统计占比 7.3%。加砂强度 0.5~1.0t/m 水平井 318 口,统计占比 18.8%。加砂强度 1.0~1.5t/m 水平井 630 口,统计占比 37.3%。加砂强度 1.5~2.0t/m 水平井 444 口,统计占比 26.3%。加砂强度 2.0~2.5t/m 水平井 102 口,统计占比 6.0%。加砂强度 2.5~3.0t/m 水平井 46 口,统计占比 2.7%。加砂强度 3.0~3.5t/m 水平井 17 口,统计占比 1.0%。加砂强度 3.5~4.0t/m 水平井 5 口,统计占比 0.3%。加砂强度 4.0~4.5t/m 水

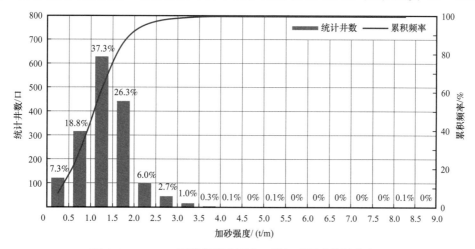

图 4-21 Barnett 页岩气藏水平井压裂加砂强度统计分布图

平井 2 口，统计占比 0.1%。加砂强度超过 4.5t/m 水平井 4 口，统计占比 0.2%。Barnett 页岩气藏水平井压裂加砂强度主体位于 3.0t/m 以内。

按照年度区间统计 Barnett 页岩气藏水平井压裂加砂强度学习曲线，图 4-22 给出了对应的压裂加砂强度年度学习曲线。2011 年以前统计水平井 215 口，平均压裂加砂强度 1.33t/m、P25 压裂加砂强度 0.79t/m、P50 压裂加砂强度 1.32t/m、P75 压裂加砂强度 1.77t/m。2011 年统计水平井 261 口，平均压裂加砂强度 1.26t/m、P25 压裂加砂强度 0.89t/m、P50 压裂加砂强度 1.27t/m、P75 压裂加砂强度 1.52t/m。2012 年统计水平井 226 口，平均压裂加砂强度 1.16t/m、P25 压裂加砂强度 0.82t/m、P50 压裂加砂强度 1.07t/m、P75 压裂加砂强度 1.50t/m。2013 年统计水平井 532 口，平均压裂加砂强度 1.33t/m、P25 压裂加砂强度 1.08t/m、P50 压裂加砂强度 1.37t/m、P75 压裂加砂强度 1.59t/m。2014 年统计水平井 326 口，平均压裂加砂强度 1.48t/m、P25 压裂加砂强度 1.15t/m、P50 压裂加砂强度 1.48t/m、P75 压裂加砂强度 1.68t/m。2015 年统计水平井 33 口，平均压裂加砂强度 1.63t/m、P25 压裂加砂强度 1.39t/m、P50 压裂加砂强度 1.71t/m、P75 压裂加砂强度 1.81t/m。2017 年统计水平井 34 口，平均压裂加砂强度 1.52t/m、P25 压裂加砂强度 1.09t/m、P50 压裂加砂强度 1.37t/m、P75 压裂加砂强度 2.13t/m。2018 年统计水平井 43 口，平均压裂加砂强度 2.17t/m、P25 压裂加砂强度 1.37t/m、P50 压裂加砂强度 2.14t/m、P75 压裂加砂强度 2.91t/m。2019 年统计水平井 16 口，平均压裂加砂强度 2.42t/m、P25 压裂加砂强度 2.26t/m、P50 压裂加砂强度 2.86t/m、P75 压裂加砂强度 2.90t/m。2020 年统计水平井 5 口，平均压裂加砂强度 1.76t/m、P25 压裂加砂强度 0.97t/m、P50 压裂加砂强度 1.17t/m、P75 压裂加砂强度 2.83t/m。

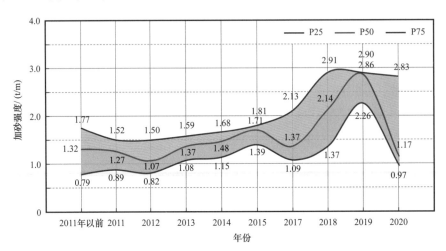

图 4-22 Barnett 页岩气藏水平井压裂加砂强度年度学习曲线

Barnett 页岩气藏水平井压裂加砂强度总体呈逐年增加趋势。2018 年以前，P50 压裂加砂强度低于 2.0t/m。2018—2019 年，P50 压裂加砂强度超过 2.0t/m。2020 年统计样本较少，P50 压裂加砂强度降低。

图 4-23 给出了 Barnett 页岩气藏不同垂深范围水平井加砂强度分布频率及 P50 加砂

强度曲线。不同垂深范围水平井加砂强度分布频率呈单峰或双峰分布特征。垂深小于
2000m 水平井压裂加砂强度呈双峰分布特征。垂深 2000～5500m 水平井压裂加砂强度统
计频率靠左侧呈单峰分布特征。垂深超过 2500m 水平井压裂加砂强度统计频率呈双峰分
布特征。垂深小于 2000m 水平井不同年度 P50 压裂加砂强度统计曲线显示 P50 压裂加砂
强度呈逐年增加趋势。

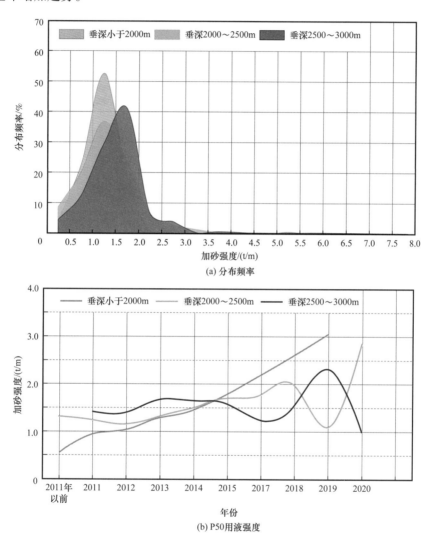

(a) 分布频率

(b) P50 用液强度

图 4-23　Barnett 页岩气藏不同垂深范围水平井加砂强度分布频率及 P50 加砂强度曲线

4.7　砂液比

压裂砂液比反映了水平井分段压裂过程中压裂液和支撑剂的整体比例。本节利用单
位体积压裂液量中的支撑剂重量表征水平井分段压裂砂液比。图 4-24 给出了 Barnett 页岩

气藏水平井分段压裂砂液比散点分布图。Barnett 页岩气藏截至 2020 年底累计统计水平井分段压裂砂液比样本数 1482 口，压裂砂液比范围 0.0112～1.9094t/m³，平均单井压裂砂液比为 0.11t/m³，P25 压裂砂液比 0.08t/m³、P50 压裂砂液比 0.12t/m³、P75 压裂砂液比 0.13t/m³、M50 压裂砂液比 0.11t/m³。水平井分段压裂砂液比散点分布图显示，压裂砂液比密集分布在 0～0.2t/m³ 区间。

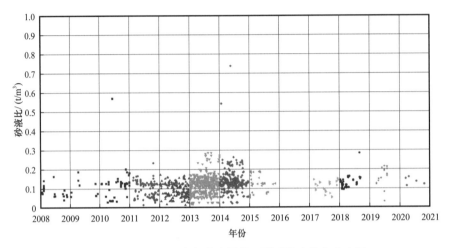

图 4-24 Barnett 页岩气藏水平井压裂砂液比散点分布图

图 4-25 给出了 Barnett 页岩气藏水平井分段压裂砂液比统计分布。压裂砂液比统计结果显示压裂砂液比小于 0.05t/m³ 统计水平井 120 口，统计占比 8.1%。压裂砂液比 0.05～0.10t/m³ 统计水平井 429 口，统计占比 29.0%。压裂砂液比 0.10～0.15t/m³ 统计水平井 725 口，统计占比 48.9%。压裂砂液比 0.15～0.20t/m³ 统计水平井 152 口，统计占比 10.3%。压裂砂液比 0.20～0.25t/m³ 统计水平井 36 口，统计占比 2.4%。压裂砂液比 0.25～0.30t/m³ 统计水平井 14 口，统计占比 0.9%。压裂砂液比超过 0.30t/m³ 统计水平井 6 口，统计占比 0.4%。

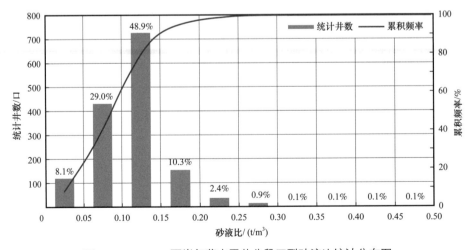

图 4-25 Barnett 页岩气藏水平井分段压裂砂液比统计分布图

图 4-26 给出了 Barnett 页岩气藏水平井分段压裂砂液比年度学习曲线。2011 年以前统计水平井 175 口，平均压裂砂液比 0.08t/m³、P25 压裂砂液比 0.06t/m³、P50 压裂砂液比 0.07t/m³、P75 压裂砂液比 0.11t/m³。2011 年统计水平井 111 口，平均压裂砂液比 0.09t/m³、P25 压裂砂液比 0.05t/m³、P50 压裂砂液比 0.10t/m³、P75 压裂砂液比 0.12t/m³。2012 年统计水平井 205 口，平均压裂砂液比 0.10t/m³、P25 压裂砂液比 0.07t/m³、P50 压裂砂液比 0.09t/m³、P75 压裂砂液比 0.12t/m³。2013 年统计水平井 532 口，平均压裂砂液比 0.12t/m³、P25 压裂砂液比 0.08t/m³、P50 压裂砂液比 0.12t/m³、P75 压裂砂液比 0.14t/m³。2014 年统计水平井 326 口，平均压裂砂液比 0.13t/m³、P25 压裂砂液比 0.11t/m³、P50 压裂砂液比 0.13t/m³、P75 压裂砂液比 0.14t/m³。2015 年统计水平井 34 口，平均压裂砂液比 0.12t/m³、P25 压裂砂液比 0.11t/m³、P50 压裂砂液比 0.12t/m³、P75 压裂砂液比 0.16t/m³。2017 年统计水平井 34 口，平均压裂砂液比 0.11t/m³、P25 压裂砂液比 0.09t/m³、P50 压裂砂液比 0.12t/m³、P75 压裂砂液比 0.13t/m³。2018 年统计水平井 44 口，平均压裂砂液比 0.13t/m³、P25 压裂砂液比 0.11t/m³、P50 压裂砂液比 0.12t/m³、P75 压裂砂液比 0.14t/m³。2019 年统计水平井 16 口，平均压裂砂液比 0.15t/m³、P25 压裂砂液比 0.13t/m³、P50 压裂砂液比 0.16t/m³、P75 压裂砂液比 0.20t/m³。2020 年统计水平井 5 口，平均压裂砂液比 0.13t/m³、P25 压裂砂液比 0.12t/m³、P50 压裂砂液比 0.13t/m³、P75 压裂砂液比 0.15t/m³。

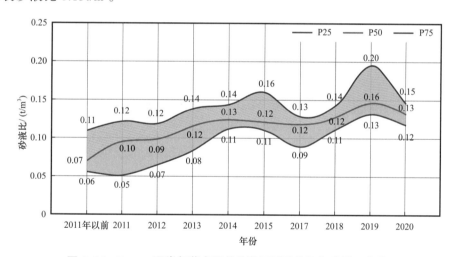

图 4-26　Barnett 页岩气藏水平井分段压裂砂液比年度学习曲线

Barnett 页岩气藏水平井压裂砂液比总体保持稳定，P25 压裂砂液比总体稳定在 0.05~0.13t/m³ 区间，P50 压裂砂液比总体稳定在 0.07~0.13t/m³ 区间，P75 压裂砂液比总体稳定在 0.11~0.20t/m³ 区间。图 4-27 和图 4-28 分别给出了 Barnett 页岩气藏不同埋深水平井压裂砂液比年度学习曲线和统计频率分布。不同垂深气井，分年水平井压裂砂液比存在一定波动。

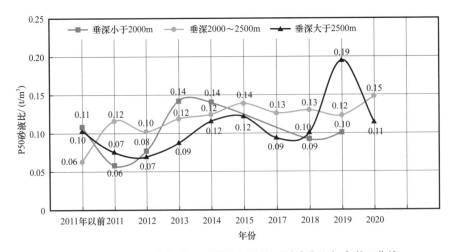

图 4-27　Barnett 页岩气藏不同埋深水平井压裂砂液比年度学习曲线

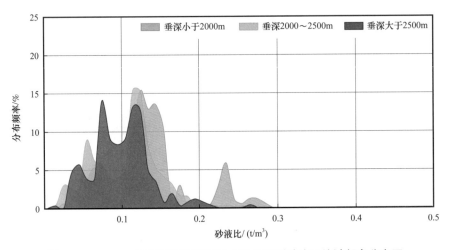

图 4-28　Barnett 页岩气藏不同埋深水平井压裂砂液比统计频率分布图

第 5 章 开发指标

页岩中含有大量的吸附气，且微孔和介孔发育，页岩气流动机理特殊。与常规气藏相比，页岩气藏气体赋存方式更为复杂、气体流动方式呈现多样化。页岩气井受储层人工裂缝、吸附气解析及特殊流动机理影响，投产初期与中后期的产量递减趋势差异大，表现出初期递减指数变化较快、后期趋于稳定的特征。页岩气水平井关键开发指标包括首年日产气量、产量递减率、单井 EUR、百米段长 EUR、百吨砂量 EUR 和建井周期。

页岩气井产能评价方法不同于常规藏，页岩储层致密、基质渗透率一般为 100～1000mD，井间几乎不连通，需要进行大规模分段压裂才能使基质中的气体流入井筒，气藏开发整体呈现出"一井一藏"或"一台一藏"特征，基于以上特征，气井产能评价方法有其特殊性。通常将气井投产第一年平均日产气量作为气井产能关键指标，投产第一年气井经历了初期高峰排液阶段、峰值生产阶段、井口压力和产量快速下降阶段。由于投产初期页岩气井排液量为主导，产气量经历先增加后下降趋势，故通常选取年产量递减率作为气井递减关键指标。年产量递减率是指气井本年度产量相对于上一年度产量的相对递减幅度。百米段长 EUR 和百吨砂量 EUR 是两项标准开发指标，表示单位水平段长和单位砂量能够获取的产气量，可用于区块和井间进行横向对比。首年日产气量、产量递减率、单井 EUR、百米段长 EUR 和百吨砂量 EUR 均是反映页岩气井产量的关键开发指标。

除此之外，本节将建井周期作为开发指标之一。建井周期是指页岩气水平井从开钻至投产所需的周期，是钻井工程、分段压裂、地面工程及生产优化的综合效率指标，直接影响具体页岩气藏的建产速度和开发效益。因此，将建井周期作为一项反映综合开发效率的关键指标评价全流程施工作业效率。

5.1 首年日产气量

首年日产量是指油气井投产第一年的平均日产量，可作为油气井产能评价的关键指标。由于页岩油气井普遍采用大规模水力压裂措施改造井筒周边储层，油气井投产初期以返排液产出为主，该阶段也通常被称为排液阶段。井筒及近井较大尺寸裂缝内压裂液陆续返排至地表后，油气井产量逐渐上升。油气井投产通常经历纯排液阶段、排液量下降产量上升阶段、峰值产油气阶段以及产量和压力快速递减阶段后进入平稳生产阶段。不同油气井峰值生产阶段存在差异，故通常选取首年日产量近似表征油气井整体产能特征。

图 5-1 给出了 Barnett 页岩气藏水平井单井首年平均日产气散点分布，统计单井首年平均日产气范围 0～21.61×10^{4}m^3。统计 Barnett 页岩气藏不同年度单井首年平均日产气数据 14826 口。统计平均单井首年平均日产气 2.93×10^{4}m^3，P25 单井首年平均日产气 1.48×10^{4}m^3、P50 单井首年平均日产气 2.52×10^{4}m^3、P75 单井首年平均日产气 3.90×10^{4}m^3、M50 单井首年平均日产气 2.6×10^{4}m^3。

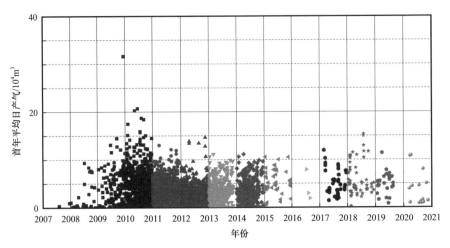

图 5-1　Barnett 页岩气藏水平井单井首年平均日产气散点分布图

图 5-2 给出了 Barnett 页岩气藏水平井单井首年平均日产油散点分布，统计单井首年平均日产油范围 0～43.0t。统计 Barnett 页岩气藏不同年度单井首年平均日产油数据 5632 口。统计平均单井首年平均日产油 2.19t，P25 单井首年平均日产油 0.13t、P50 单井首年平均日产油 0.61t、P75 单井首年平均日产油 2.67t、M50 单井首年平均日产油 0.86t。

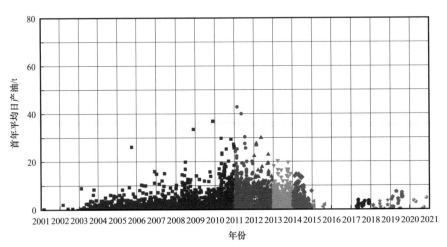

图 5-2　Barnett 页岩气藏水平井单井首年平均日产油散点分布图

图 5-3 给出了 Barnett 页岩气藏水平井单井首年平均日产油当量散点分布，统计单井首年平均日产油当量范围 0.0～188.0t。统计 Barnett 页岩气藏不同年度单井首年平均日产

油当量数据 14852 口。统计平均单井首年平均日产油当量 26.3t，P25 单井首年平均日产油当量 14.1t、P50 单井首年平均日产油当量 22.9t、P75 单井首年平均日产油当量 34.4t、M50 单井首年平均日产油当量 23.3t。

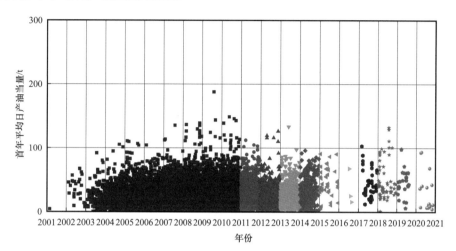

图 5-3　Barnett 页岩气藏水平井单井首年平均日产油当量散点分布图

图 5-4 给出了 Barnett 页岩气藏水平井单井首年平均日产气统计分布。14826 口页岩油气水平井单井首年平均日产气统计结果显示单井首年平均日产气 $0\sim2\times10^4m^3$ 气井 5633 口，占比 38.0%；首年平均日产气（$2\sim4$）$\times10^4m^3$ 气井 5672 口，占比 38.3%；首年平均日产气（$4\sim6$）$\times10^4m^3$ 气井 2389 口，占比 16.1%；首年平均日产气（$6\sim8$）$\times10^4m^3$ 气井 762 口，占比 5.1%；首年平均日产气（$8\sim10$）$\times10^4m^3$ 气井 264 口，占比 1.8%；单井首年平均日产气量超过 $10\times10^4m^3$ 气井 106 口，占比 0.7%。

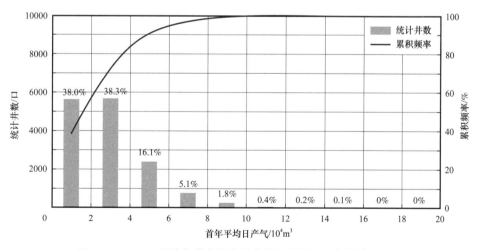

图 5-4　Barnett 页岩气藏水平井单井首年平均日产气统计分布图

图 5-5 给出了 Barnett 页岩气藏水平井单井首年平均日产油统计分布。5632 口页岩油气水平井单井首年平均日产油统计结果显示单井首年平均日产油 $0\sim2t$ 气井 3971 口，占

比 70.6%；首年平均日产油 2～4t 油气井 644 口，占比 11.4%；首年平均日产油 4～6t 油气井 389 口，占比 6.9%；首年平均日产油 6～8t 油气井 228 口，占比 4.0%；首年平均日产油 8～10t 油气井 152 口，占比 2.7%；首年平均日产油 10～12t 油气井 98 口，占比 1.7%；单井首年平均日产油量超过 12t 油气井 150 口，占比 2.7%。

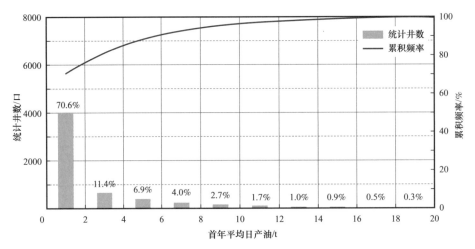

图 5-5 Barnett 页岩气藏水平井首年平均日产油统计分布图

图 5-6 给出了 Barnett 页岩气藏水平井单井首年平均日产油当量统计分布。14851 口页岩油气水平井单井首年平均日产油当量统计结果显示单井首年平均日产油当量 0～10t 气井 2055 口，占比 13.8%；首年平均日产油当量 10～20t 油气井 4181 口，占比 28.1%；首年平均日产油当量 20～30t 油气井 3720 口，占比 25.0%；首年平均日产油当量 30～40t 油气井 2283 口，占比 15.4%；首年平均日产油当量 40～50t 油气井 1282 口，占比 8.6%；首年平均日产油当量 50～60t 油气井 621 口，占比 4.2%；首年平均日产油当量 60～70t 油气井 349 口，占比 2.4%；首年平均日产油当量 70～80t 油气井 174 口，占比 1.2%；单

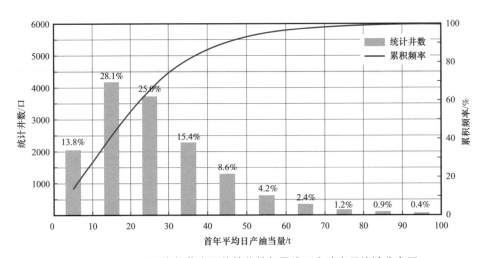

图 5-6 Barnett 页岩气藏水平井单井首年平均日产油当量统计分布图

井首年平均日产油当量超过 80t 油气井 186 口，占比 1.3%。

图 5-7 给出了 Barnett 页岩气藏水平井首年平均日产气年度学习曲线，不同年度单井首年平均日产气量整体呈逐年上升趋势。统计结果显示，2011 年以前油气井共计 11628 口，P25 首年平均日产气量 $1.5 \times 10^4 m^3$、P50 首年平均日产气量 $2.5 \times 10^4 m^3$、P75 首年平均日产气量 $3.9 \times 10^4 m^3$；2011 年统计油气井 1272 口，P25 首年平均日产气量 $1.6 \times 10^4 m^3$、P50 首年平均日产气量 $2.6 \times 10^4 m^3$、P75 首年平均日产气量 $4.1 \times 10^4 m^3$；2012 年统计油气井 819 口，P25 首年平均日产气量 $1.1 \times 10^4 m^3$、P50 首年平均日产气量 $2.1 \times 10^4 m^3$、P75 首年平均日产气量 $3.4 \times 10^4 m^3$；2013 年统计油气井 580 口，P25 首年平均日产气量 $0.8 \times 10^4 m^3$、P50 首年平均日产气量 $1.8 \times 10^4 m^3$、P75 首年平均日产气量 $3.7 \times 10^4 m^3$；2014 年统计油气井 344 口，P25 首年平均日产气量 $1.1 \times 10^4 m^3$、P50 首年平均日产气量 $2.6 \times 10^4 m^3$、P75 首年平均日产气量 $4.4 \times 10^4 m^3$；2015 年统计油气井 43 口，P25 首年平均日产气量 $4.0 \times 10^4 m^3$、P50 首年平均日产气量 $5.1 \times 10^4 m^3$、P75 首年平均日产气量 $7.2 \times 10^4 m^3$；2016 年统计油气井 3 口，P25 首年平均日产气量 $2.4 \times 10^4 m^3$、P50 首年平均日产气量 $2.9 \times 10^4 m^3$、P75 首年平均日产气量 $5.4 \times 10^4 m^3$；2017 年统计油气井 41 口，P25 首年平均日产气量 $3.5 \times 10^4 m^3$、P50 首年平均日产气量 $4.6 \times 10^4 m^3$、P75 首年平均日产气量 $7.1 \times 10^4 m^3$；2018 年统计油气井 54 口，P25 首年平均日产气量 $3.5 \times 10^4 m^3$、P50 首年平均日产气量 $4.6 \times 10^4 m^3$、P75 首年平均日产气量 $8.0 \times 10^4 m^3$；2019 年统计油气井 27 口，P25 首年平均日产气量 $4.1 \times 10^4 m^3$、P50 首年平均日产气量 $4.9 \times 10^4 m^3$、P75 首年平均日产气量 $6.3 m^3$；2020 年统计油气井 15 口，P25 首年平均日产气量 $1.1 \times 10^4 m^3$、P50 首年平均日产气量 $1.5 \times 10^4 m^3$、P75 首年平均日产气量 $4.7 \times 10^4 m^3$。

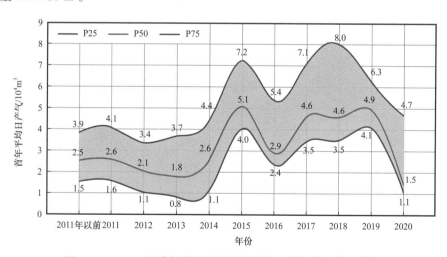

图 5-7　Barnett 页岩气藏水平井首年平均日产气年度学习曲线

图 5-8 给出了 Barnett 页岩气藏水平井首年平均日产油年度学习曲线，不同年度单井首年平均日产油量整体呈逐年上升趋势。统计结果显示，2011 年以前油气井共计 3826 口，P25 首年平均日产油量 0.1t、P50 首年平均日产油量 0.4t、P75 首年平均日产油量 1.3t；

2011 年统计油气井 554 口，P25 首年平均日产油量 0.5t、P50 首年平均日产油量 2.8t、P75 首年平均日产油量 7.2t；2012 年统计油气井 546 口，P25 首年平均日产油量 0.4t、P50 首年平均日产油量 1.9t、P75 首年平均日产油量 5.3t；2013 年统计油气井 398 口，P25 首年平均日产油量 0.7t、P50 首年平均日产油量 2.7t、P75 首年平均日产油量 5.7t；2014 年统计油气井 227 口，P25 首年平均日产油量 0.9t、P50 首年平均日产油量 2.4t、P75 首年平均日产油量 4.9t；2015 年统计油气井 7 口，P25 首年平均日产油量 1.3t、P50 首年平均日产油量 1.5t、P75 首年平均日产油量 2.0t；2017 年统计油气井 16 口，P25 首年平均日产油量 1.3t、P50 首年平均日产油量 2.1t、P75 首年平均日产油量 2.8t；2018 年统计油气井 30 口，P25 首年平均日产油量 0、P50 首年平均日产油量 0.1t、P75 首年平均日产油量 1.0t；2019 年统计油气井 20 口，P25 首年平均日产油量 0.6t、P50 首年平均日产油量 3.9t、P75 首年平均日产油量 5.4m³；2020 年统计油气井 8 口，P25 首年平均日产油量 0.3t、P50 首年平均日产油量 0.6t、P75 首年平均日产油量 3.3t。

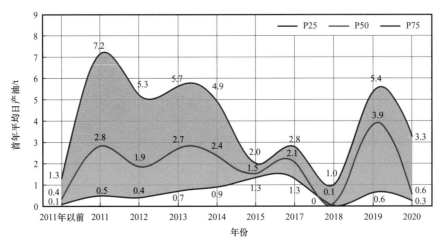

图 5-8　Barnett 页岩气藏水平井首年平均日产油年度学习曲线

　　图 5-9 给出了 Barnett 页岩气藏水平井首年平均日产油当量年度学习曲线，不同年度单井首年平均日产油当量整体呈逐年上升趋势。统计结果显示，2011 年以前油气井共计 11646 口，P25 首年平均日产油当量 14.0t、P50 首年平均日产油当量 22.7t、P75 首年平均日产油当量 33.9t；2011 年统计油气井 1275 口，P25 首年平均日产油当量 16.4t、P50 首年平均日产油当量 25.3t、P75 首年平均日产油当量 36.5t；2012 年统计油气井 822 口，P25 首年平均日产油当量 12.5t、P50 首年平均日产油当量 20.4t、P75 首年平均日产油当量 30.7t；2013 年统计油气井 580 口，P25 首年平均日产油当量 11.0t、P50 首年平均日产油当量 18.9t、P75 首年平均日产油当量 32.9t；2014 年统计油气井 344 口，P25 首年平均日产油当量 15.0t、P50 首年平均日产油当量 24.3t、P75 首年平均日产油当量 39.0t；2015 年统计油气井 43 口，P25 首年平均日产油当量 35.0t、P50 首年平均日产油当量 44.1t、P75 首年平均日产油当量 62.8t；2016 年统计油气井 3 口，P25 首年平均日产油当量 20.6t、

P50 首年平均日产油当量 25.2t、P75 首年平均日产油当量 46.6t；2017 年统计油气井 41 口，P25 首年平均日产油当量 31.3t、P50 首年平均日产油当量 42.0t、P75 首年平均日产油当量 61.9t；2018 年统计油气井 54 口，P25 首年平均日产油当量 31.1t、P50 首年平均日产油当量 39.9t、P75 首年平均日产油当量 69.9t；2019 年统计油气井 27 口，P25 首年平均日产油当量 37.8t、P50 首年平均日产油当量 47.2t、P75 首年平均日产油当量 60.9t；2020 年统计油气井 16 口，P25 首年平均日产油当量 8.8t、P50 首年平均日产油当量 12.8t、P75 首年平均日产油当量 41.5t。

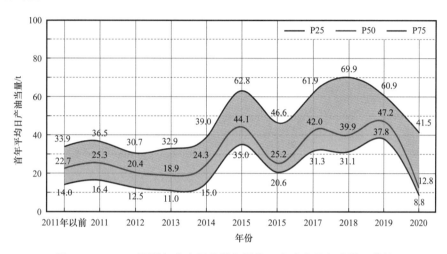

图 5-9　Barnett 页岩气藏水平井首年平均日产油当量年度学习曲线

5.2　单井最终可采储量

单井最终可采储量（EUR）是页岩油气井最为关键的开发指标，是指预计在整个生产周期内从单井（区块、盆地）可经济采出的天然气或石油总量。准确评价 EUR 能够了解单井（区块、盆地）开采潜力，为开发方案编制、经济评价、开发调整和加密钻井提供可采储量依据。

图 5-10 给出了 Barnett 页岩气藏水平井单井产气 EUR 散点分布，统计单井产气 EUR 范围为（28.3～2576.8）$\times 10^4 \mathrm{m}^3$。统计 Barnett 页岩气藏 14912 口年度单井产气 EUR 数据。统计平均单井产气 EUR 为 $5678 \times 10^4 \mathrm{m}^3$，P25 单井产气 EUR 为 $2577 \times 10^4 \mathrm{m}^3$、P50 单井产气 EUR 为 $4899 \times 10^4 \mathrm{m}^3$、P75 单井产气 EUR 为 $7731 \times 10^4 \mathrm{m}^3$、M50 单井产气 EUR 为 $4984 \times 10^4 \mathrm{m}^3$。

图 5-11 给出了 Barnett 页岩气藏水平井单井产油 EUR 散点分布，统计单井产油 EUR 范围为 1400～61600t。统计 Barnett 页岩气藏 283 口年度单井产油 EUR 数据。统计平均单井产油 EUR 为 5447t，P25 单井产油 EUR 为 1400t、P50 单井产油 EUR 为 4200t、P75 单井产油 EUR 为 7000t、M50 单井产油 EUR 为 4060t。

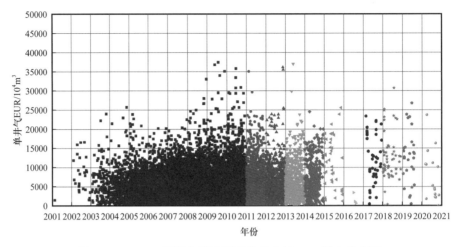

图 5-10　Barnett 页岩气藏水平井单井产气 EUR 散点分布图

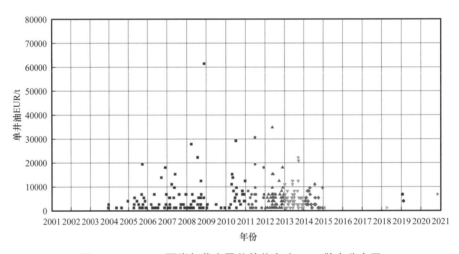

图 5-11　Barnett 页岩气藏水平井单井产油 EUR 散点分布图

图 5-12 给出了 Barnett 页岩气藏水平井单井产油当量 EUR 散点分布，统计单井产油当量 EUR 范围为 1400～326200t。统计 Barnett 页岩气藏 8836 口年度单井产油当量 EUR 数据。统计平均单井产油当量 EUR 为 57527t，P25 单井产油当量 EUR 为 28000t、P50 单井产油当量 EUR 为 51800t、P75 单井产油当量 EUR 为 78400t、M50 单井产油当量 EUR 为 52043t。

图 5-13 给出了 Barnett 页岩气藏中深层页岩油气水平井单井产气 EUR 统计分布。其中，单井产气 EUR 0～2000×10^4m^3 油气井 2859 口，占比 19.2%；单井产气 EUR（2000～4000）×10^4m^3 油气井 3160 口，占比 21.2%；单井产气 EUR（4000～6000）× 10^4m^3 油气井 3019 口，占比 20.2%；单井产气 EUR（6000～8000）×10^4m^3 油气井 2423 口，占比 16.2%；单井产气 EUR（8000～10000）×10^4m^3 油气井 1459 口，占比 9.8%；单井产气 EUR（10000～12000）×10^4m^3 油气井 863 口，占比 5.8%；单井产气 EUR（12000～

14000）× $10^4 m^3$ 油气井 487 口，占比 3.3%；单井产气 EUR（14000～16000）× $10^4 m^3$ 油气井 243 口，占比 1.6%；单井产气 EUR（16000～18000）× $10^4 m^3$ 油气井 148 口，占比 1.0%；单井产气 EUR（18000～20000）× $10^4 m^3$ 油气井 93 口，占比 0.6%；单井产气 EUR 超过 20000 × $10^4 m^3$ 油气井 158 口，占比 1.1%。Barnett 页岩气藏中深层油气井单井产气 EUR 主体分布在 0～10000 × $10^4 m^3$ 区间。

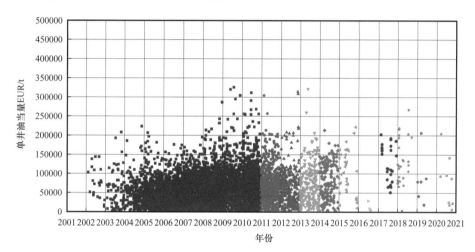

图 5-12　Barnett 页岩气藏水平井单井产油当量 EUR 散点分布图

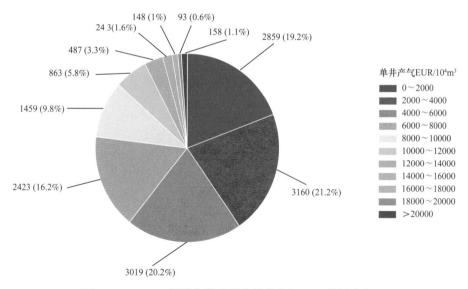

图 5-13　Barnett 页岩气藏水平井单井产气 EUR 统计分布图

图 5-14 给出了 Barnett 页岩气藏中深层页岩油气水平井单井产油 EUR 统计分布。其中，单井产油 EUR 0～2000t 油气井 86 口，占比 30.4%；单井产油 EUR 2000～4000t 油气井 49 口，占比 17.3%；单井产油 EUR 4000～6000t 油气井 71 口，占比 25.1%；单井产油 EUR 6000～8000t 油气井 31 口，占比 11.0%；单井产油 EUR 8000～10000t 油气井

16口，占比5.6%；单井产油 EUR 超过10000t 油气井30口，占比10.6%。Barnett 页岩气藏中深层油气井单井产油 EUR 主体分布在0～6000t 区间。

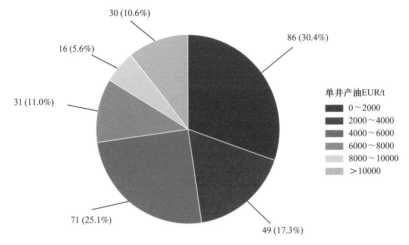

图 5-14　Barnett 页岩气藏水平井单井产油 EUR 统计分布图

图 5-15 给出了 Barnett 页岩气藏中深层页岩油气水平井单井产油当量 EUR 统计分布。其中，单井产油当量 EUR 0～20000t 油气井1560口，占比17.7%；单井产油当量 EUR 20000～40000t 油气井1793口，占比20.3%；单井产油当量 EUR 40000～60000t 油气井1826口，占比20.7%；单井产油当量 EUR 60000～80000t 油气井1597口，占比18.1%；单井产油当量 EUR 80000～100000t 油气井923口，占比10.4%；单井产油当量 EUR 100000～120000t 油气井524口，占比5.9%；单井产油当量 EUR 120000～140000t 油气井242口，占比2.7%；单井产油当量 EUR 140000～160000t 油气井157口，占比1.8%；单

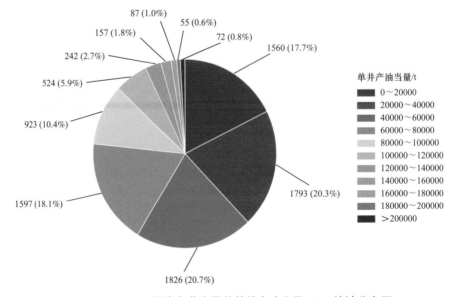

图 5-15　Barnett 页岩气藏水平井单井产油当量 EUR 统计分布图

井产油当量 EUR 160000～180000t 油气井 87 口，占比 1.0%；单井产油当量 EUR 180000～200000t 油气井 55 口，占比 0.6%；单井产油当量 EUR 超过 200000t 油气井 72 口，占比 0.8%。Barnett 页岩气藏中深层油气井单井产油当量 EUR 主体分布在 0～100000t 区间。

图 5-16 给出了 Barnett 页岩气藏水平井不同年度单井产气 EUR 学习曲线，不同年度 P50 单井产气 EUR 范围为（1104～12714）× $10^4 m^3$，2019 年 P50 单井产气 EUR 到达峰值 $12714 × 10^4 m^3$。

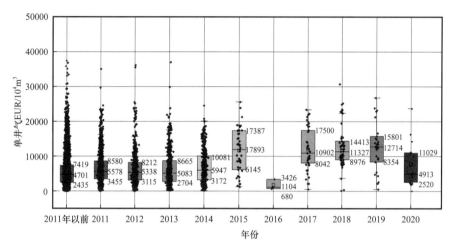

图 5-16　Barnett 页岩气藏水平井单井产气 EUR 学习曲线

图 5-17 给出了 Barnett 页岩气藏水平井不同年度单井产油 EUR 学习曲线，不同年度 P50 单井产油 EUR 范围为 1400～7000t，2020 年 P50 单井产油 EUR 到达峰值 7000t。

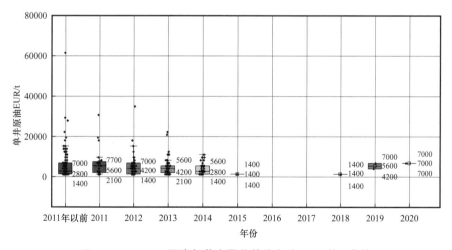

图 5-17　Barnett 页岩气藏水平井单井产油 EUR 学习曲线

图 5-18 给出了 Barnett 页岩气藏水平井不同年度单井产油当量 EUR 学习曲线，不同年度 P50 单井产油当量 EUR 范围为 32200～58800t，2019 年 P50 单井产油当量 EUR 到达峰值 58800t。

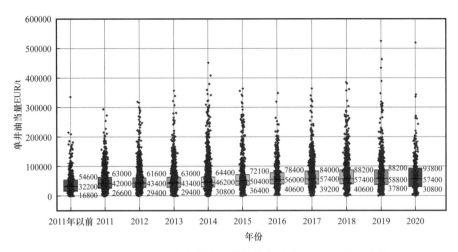

图 5-18　Barnett 页岩气藏水平井单井产油当量 EUR 学习曲线

页岩油气水平井单井 EUR 受气藏地质特征、开发技术政策、钻完井及体积压裂等工程技术实施效果、采气工艺技术等多重因素控制。相关系数是研究变量之间线性相关程度的量，反映变量之间相关关系密切程度的统计指标。选取主流的皮尔逊相关系数分析不同因素与单井 EUR 的关联程度。选取水平井完钻垂深、水平井测深、水平段长、钻井周期、水垂比、压裂段数、压裂液量、支撑剂量、平均段间距、用液强度、加砂强度、单井总成本和建井周期等参数与单井 EUR 进行相关系数分析。其中，钻井许可日期引入相关性分析用于表征钻完井工程技术经验进步对开发效果的影响。由于缺乏井点详细地质参数，将垂深视为一项地质参数。水平井测深、水平段长、钻井周期和水垂比为水平井钻完井工程参数。水平井分段压裂参数包括单井压裂段数、压裂液量、支撑剂量、平均段间距、用液强度、加砂强度。单井总成本、建井周期和第二年产量递减率作为成本和开发指标参数。

图 5-19 给出了 Barnett 页岩气藏所有气井不同参数与单井产气 EUR 相关系数矩阵。相关系数范围为 −1.0～1.0，相关系数趋向于 −1.0 表示线性相关程度低，相关系数趋向于 1.0 表示线性相关程度高。单井产气 EUR 与不同参数相关系数分析显示，主要影响因素包括测深、水平段长、压裂液量、平均段间距等。钻井周期、压裂段数、加砂强度与单井产气 EUR 不相关，平均段间距是影响单井产气 EUR 的首要因素。

图 5-20 给出了 Barnett 页岩气藏所有气井不同参数与单井产油 EUR 相关系数矩阵。单井产油 EUR 与不同参数相关系数分析显示，主要影响因素包括垂深、测深、压裂液量等。许可日期、钻井周期、和水垂比不相关，测深是影响单井产油 EUR 的首要因素。

图 5-21 给出了 Barnett 页岩气藏所有气井不同参数与单井油当量 EUR 相关系数矩阵。单井油当量 EUR 与不同参数相关系数分析显示，主要影响因素包括测深、水平段长、水垂比、压裂液量、平均段间距等。钻进周期、压裂段数、加砂强度与单井油当量 EUR 不相关，测深是影响单井油当量 EUR 的首要因素。

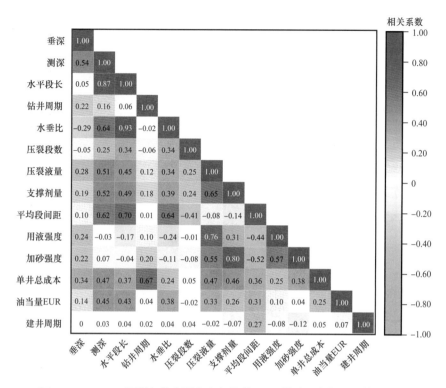

图 5-19 Barnett 页岩气藏水平井产气单井 EUR 影响因素相关系数矩阵图

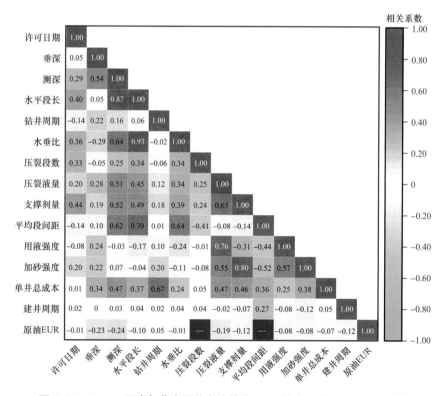

图 5-20 Barnett 页岩气藏水平井产油单井 EUR 影响因素相关系数矩阵图

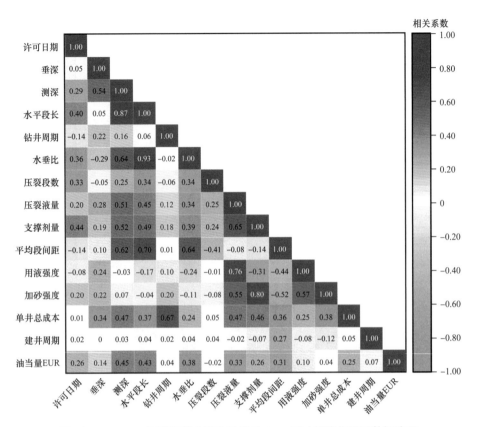

图 5-21 Barnett 页岩气藏水平井油当量 EUR 影响因素相关系数矩阵图

5.3 百米段长可采储量

页岩气井完钻水平段长是影响单井 EUR 的核心要素之一，不同水平段长气井单井 EUR 差异显著，无法进行横向对比分析。引入百米段长可采储量（百米段长 EUR）作为关键开发技术指标，对不同区块和井间进行横向对比分析。百米段长 EUR 是指百米水平段长能够获取的 EUR。通过百米段长 EUR 可横向对比不同区块或井间的开发效果。

图 5-22 给出了 Barnett 页岩气藏水平井百米段长产气 EUR 散点分布，统计 6590 口页岩气水平井百米段长产气 EUR 范围为（1.8～2907）× $10^4 m^3$/100m，平均百米段长产气 EUR 为 550.1 × $10^4 m^3$/100m，P25 百米段长产气 EUR 为 261.5 × $10^4 m^3$/100m、P50 百米段长产气 EUR 为 493.0 × $10^4 m^3$/100m、P75 百米段长产气 EUR 为 761.4 × $10^4 m^3$/100m、M50 百米段长产气 EUR 为 500.8 × $10^4 m^3$/100m。不同年度百米段长产气 EUR 呈零散分布状，主体分布在 1000 × $10^4 m^3$/100m 以内。

图 5-23 给出了 Barnett 页岩气藏水平井百米段长产油 EUR 散点分布，统计 218 口页岩气水平井百米段长产油 EUR 范围为 77.6～2621.1t/100m，平均百米段长产油 EUR 为 440.4t/100m、P25 百米段长产油 EUR 为 174.7t/100m、P50 百米段长产油 EUR

为 331.6t/100m、P75 百米段长产油 EUR 为 529.4t/100m、M50 百米段长产油 EUR 为 333.0t/100m。不同年度百米段长产油 EUR 呈零散分布状，主体分布在 1000t/100m 以内。

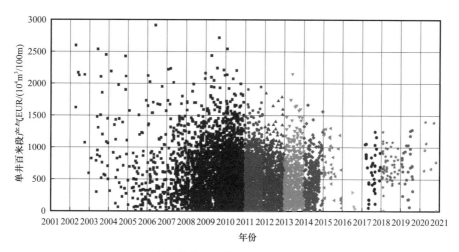

图 5-22　Barnett 页岩气藏水平井单井百米段长产气 EUR 散点分布图

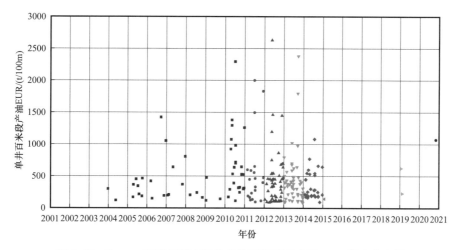

图 5-23　Barnett 页岩气藏水平井单井百米段长产油 EUR 散点分布图

图 5-24 给出了 Barnett 页岩气藏水平井百米段长油当量 EUR 散点分布图，统计 3647 口页岩气水平井百米段长油当量 EUR 范围为 82.5～23551.9t/100m，平均百米段长油当量 EUR 为 5871.0t/100m，P25 百米段长油当量 EUR 为 3241.4t/100m、P50 百米段长油当量 EUR 为 5727.9t/100m、P75 百米段长油当量 EUR 为 7746.6t/100m、M50 百米段长油当量 EUR 为 5646.7t/100m。不同年度百米段长油当量 EUR 呈零散分布状，主体分布在 15000t/100m 以内。

图 5-25 给出了 Barnett 页岩气藏水平井百米段长产气 EUR 统计分布，统计所有水平井百米段长产气 EUR 主体分布在 $1000 \times 10^4 \mathrm{m}^3/100\mathrm{m}$ 以内。百米段长产气 EUR 低于

$100 \times 10^4 \text{m}^3/100\text{m}$ 气井 536 口，统计占比 8.2%。百米段长产气 EUR 为（$100 \sim 200$）$\times 10^4 \text{m}^3/100\text{m}$ 气井 633 口，统计占比 9.6%。百米段长产气 EUR 为（$200 \sim 300$）$\times 10^4 \text{m}^3/100\text{m}$ 气井 760 口，统计占比 11.5%。百米段长产气 EUR 为（$300 \sim 400$）$\times 10^4 \text{m}^3/100\text{m}$ 气井 739 口，统计占比 11.2%。百米段长产气 EUR 为（$400 \sim 500$）$\times 10^4 \text{m}^3/100\text{m}$ 气井 662 口，统计占比 10.0%。百米段长产气 EUR 为（$500 \sim 600$）$\times 10^4 \text{m}^3/100\text{m}$ 气井 642 口，统计占比 9.8%。百米段长产气 EUR 为（$600 \sim 700$）$\times 10^4 \text{m}^3/100\text{m}$ 气井 594 口，统计占比 9.0%。百米段长产气 EUR 为（$700 \sim 800$）$\times 10^4 \text{m}^3/100\text{m}$ 气井 559 口，统计占比 8.5%。百米段长产气 EUR 为（$800 \sim 900$）$\times 10^4 \text{m}^3/100\text{m}$ 气井 442 口，统计占比 6.7%。百米段长产气 EUR 为（$900 \sim 1000$）$\times 10^4 \text{m}^3/100\text{m}$ 气井 299 口，统计占比 4.5%。百米段长产气 EUR 大于 $1000 \times 10^4 \text{m}^3/100\text{m}$ 气井 724 口，统计占比 11.0%。

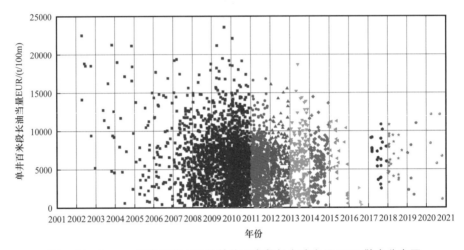

图 5-24　Barnett 页岩气藏水平井单井百米段长产油当量 EUR 散点分布图

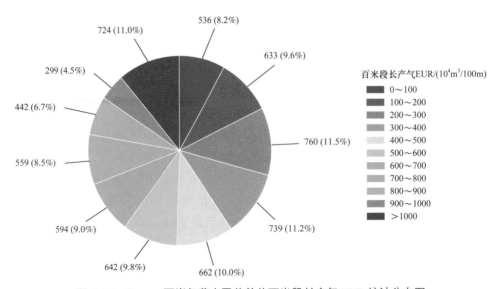

图 5-25　Barnett 页岩气藏水平井单井百米段长产气 EUR 统计分布图

图 5-26 给出了 Barnett 页岩气藏水平井百米段长产油 EUR 统计分布，统计所有水平井百米段长产油 EUR 主体分布在 1000t/100m 以内。百米段长产油 EUR 低于 100t/100m 气井 10 口，统计占比 4.6%。百米段长产油 EUR 为 100～200t/100m 气井 62 口，统计占比 28.4%。百米段长产油 EUR 为 200～300t/100m 气井 28 口，统计占比 12.8%。百米段长产油 EUR 为 300～400t/100m 气井 29 口，统计占比 13.3%。百米段长产油 EUR 为 400～500t/100m 气井 27 口，统计占比 12.4%。百米段长产油 EUR 为 500～600t/100m 气井 18 口，统计占比 8.3%。百米段长产油 EUR 为 600～700t/100m 气井 16 口，统计占比 7.3%。百米段长产油 EUR 为 700～800t/100m 气井 4 口，统计占比 1.8%。百米段长产油 EUR 为 800～900t/100m 气井 2 口，统计占比 0.9%。百米段长产油 EUR 为 900～1000t/100m 气井 3 口，统计占比 1.4%。百米段长产油 EUR 大于 1000t/100m 气井 19 口，统计占比 8.7%。

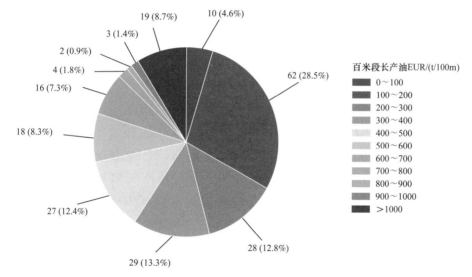

图 5-26　Barnett 页岩气藏水平井单井百米段长产油 EUR 统计分布图

图 5-27 出了 Barnett 页岩气藏水平井百米段长油当量 EUR 统计分布，统计所有水平井百米段长油当量 EUR 主体分布在 10000×t/100m 以内。百米段长油当量 EUR 低于 1000t/100m 气井 227 口，统计占比 6.2%。百米段长油当量 EUR 为 1000～2000t/100m 气井 318 口，统计占比 8.7%。百米段长油当量 EUR 为 2000～3000t/100m 气井 285 口，统计占比 7.8%。百米段长油当量 EUR 为 3000～4000t/100m 气井 300 口，统计占比 8.2%。百米段长油当量 EUR 为 4000～5000t/100m 气井 387 口，统计占比 10.6%。百米段长油当量 EUR 为 5000～6000t/100m 气井 433 口，统计占比 11.9%。百米段长油当量 EUR 为 6000～7000t/100m 气井 482 口，统计占比 13.3%。百米段长油当量 EUR 为 7000～8000t/100m 气井 384 口，统计占比 10.5%。百米段长油当量 EUR 为 8000～9000t/100m 气井 263 口，统计占比 7.2%。百米段长油当量 EUR 为 9000～10000t/100m 气井 164 口，统计占比 4.5%。百米段长油当量 EUR 大于 10000t/100m 气井 404 口，占比 11.1%。

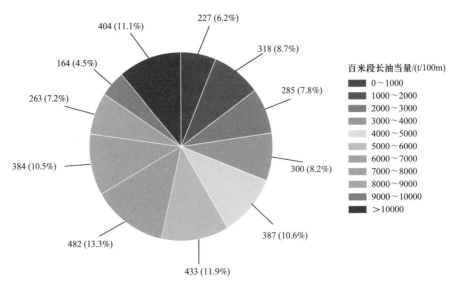

图 5-27　Barnett 页岩气藏水平井单井百米段长产油当量 EUR 统计分布图

图 5-28 给出了 Barnett 页岩气藏水平井不同年度百米段长产气 EUR 学习曲线。统计显示，2011 年以前统计气井 3394 口，P50 百米段长产气 EUR 为 $545 \times 10^4 \text{m}^3/100\text{m}$。2011 年统计气井 1279 口，P50 百米段长产气 EUR 为 $486 \times 10^4 \text{m}^3/100\text{m}$。2012 年统计气井 817 口，P50 百米段长产气 EUR 为 $427 \times 10^4 \text{m}^3/100\text{m}$。2013 年统计气井 580 口，P50 百米段长产气 EUR 为 $377 \times 10^4 \text{m}^3/100\text{m}$。2014 年统计气井 344 口，P50 百米段长产气 EUR 为 $413 \times 10^4 \text{m}^3/100\text{m}$。2015 年统计气井 43 口，P50 百米段长产气 EUR 为 $647 \times 10^4 \text{m}^3/100\text{m}$。2016 年统计气井 3 口，P50 百米段长产气 EUR 为 $78 \times 10^4 \text{m}^3/100\text{m}$。2017 年统计气井 41 口，P50 百米段长产气 EUR 为 $643 \times 10^4 \text{m}^3/100\text{m}$。2018 年统计气井 54 口，P50 百米段长产气 EUR 为 $669 \times 10^4 \text{m}^3/100\text{m}$。2019 年统计气井 27 口，P50 百米段长产气 EUR 为 $697 \times 10^4 \text{m}^3/100\text{m}$。2020 年统计气井 8 口，P50 百米段长产气 EUR 为 $862 \times 10^4 \text{m}^3/100\text{m}$。

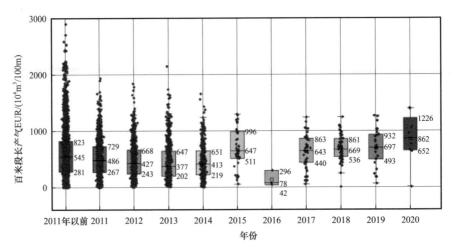

图 5-28　Barnett 页岩气藏水平井单井百米段长产气 EUR 学习曲线

图 5-29 给出了 Barnett 页岩气藏水平井不同年度百米段长产油 EUR 学习曲线。统计显示，2011 年以前统计气井 48 口，P50 百米段长产油 EUR 为 363t/100m。2011 年统计气井 20 口，P50 百米段长产油 EUR 为 418t/100m。2012 年统计气井 53 口，P50 百米段长产油 EUR 为 371t/100m。2013 年统计气井 60 口，P50 百米段长产油 EUR 为 324t/100m。2014 年统计气井 33 口，P50 百米段长产油 EUR 为 210t/100m。2015 年统计气井 1 口，P50 百米段长产油 EUR 为 139t/100m。2019 年统计气井 2 口，P50 百米段长产油 EUR 为 423t/100m。2020 年统计气井 1 口，P50 百米段长产油 EUR 为 1067t/100m。

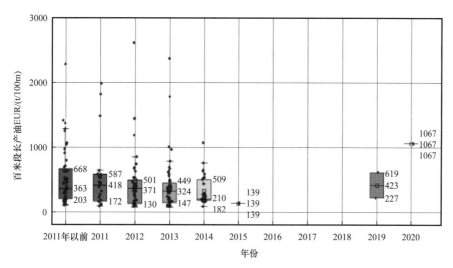

图 5-29　Barnett 页岩气藏水平井单井百米段长产油 EUR 学习曲线

图 5-30 给出了 Barnett 页岩气藏水平井不同年度百米段长油当量 EUR 学习曲线。统计显示，2011 年以前统计气井 2144 口，P50 百米段长油当量 EUR 为 5967t/100m。2011 年统计气井 702 口，P50 百米段长油当量 EUR 为 5529t/100m。2012 年统计气井 317 口，P50 百米段长油当量 EUR 为 4922t/100m。2013 年统计气井口 233，P50 百米段长油当量 EUR 为 5087t/100m。2014 年统计气井 149 口，P50 百米段长油当量 EUR 为 5486t/100m。2015 年统计气井 37 口，P50 百米段长油当量 EUR 为 5928t/100m。2016 年统计气井 3 口，P50 百米段长油当量 EUR 为 691t/100m。2017 年统计气井 25 口，P50 百米段长油当量 EUR 为 7251t/100m。2018 年统计气井 25 口，P50 百米段长油当量 EUR 为 6193t/100m。2019 年统计气井 6 口，P50 百米段长油当量 EUR 为 5403t/100m。2020 年统计气井 6 口，P50 百米段长油当量 EUR 为 7532t/100m。2021 年统计气井 1 口，P50 百米段长油当量 EUR 为 4438t/100m。

页岩气水平井百米段长 EUR 受气藏地质特征、开发技术政策、钻完井及体积压裂等工程技术实施效果、采气工艺技术等多重因素控制。相关系数是研究变量之间线性相关程度的量，反映变量之间相关关系密切程度的统计指标。选取主流的皮尔逊相关系数分析不同因素与百米段长可采储量的关联程度。选取许可日期、水平井完钻垂深、水平井测深、水平段长、钻井周期、水垂比、压裂段数、压裂液量、支撑剂量、平均段间距、用液强度、加砂强度、单井总成本和建井周期共 14 项参数与百米段长 EUR 进行相关系数分析。其中钻井许可日期引入相关性分析用于表征钻完井工程技术经验进步对开发效果的影响。由于缺乏井点详细地质参数，将垂深视为一项地质参数。水平井测深、水平段长、钻井周期和水垂比为水平井钻完井工程参数。水平井分段压裂参数包括单井压裂段数、压裂液量、支撑剂量、平均段间距、用液强度、加砂强度。单井总成本和建井周期作为成本和开发指标参数。

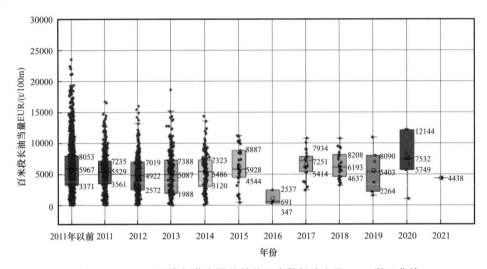

图 5-30　Barnett 页岩气藏水平井单井百米段长油当量 EUR 学习曲线

图 5-31 给出了 Barnett 页岩气藏所有气井不同参数与百米段长产气 EUR 相关系数矩阵。相关系数范围为 -1.0～1.0，相关系数趋向于 -1.0 表示线性相关程度低，相关系数趋向于 1.0 表示线性相关程度高。百米段长产气 EUR 与不同参数相关系数分析显示，主要影响因素包括垂深、平均段间距、用液强度。测深、钻速、加砂强度和建井周期与百米段长产气 EUR 不相关。相关性分析显示，用液强度是影响百米段长产气 EUR 的首要因素。

图 5-32 给出了 Barnett 页岩气藏所有气井不同参数与百米段长产油 EUR 相关系数矩阵。百米段长产油 EUR 与不同参数相关系数分析显示，主要影响因素包括建井周期、水垂比。许可日期、钻速、支撑剂量、用液强度、加砂强度和单井总成本与百米段长产油 EUR 不相关，建井周期是影响百米段长产油 EUR 的首要因素。

图 5-33 给出了 Barnett 页岩气藏所有气井不同参数与百米段长油当量 EUR 相关系数矩阵。百米段长油当量 EUR 与不同参数相关系数分析显示，主要影响因素包括水垂比、用液强度。测深、平均段间距、加砂强度和单井总成本与百米段长油当量 EUR 不相关，用液强度是影响百米段长油当量 EUR 的首要因素。

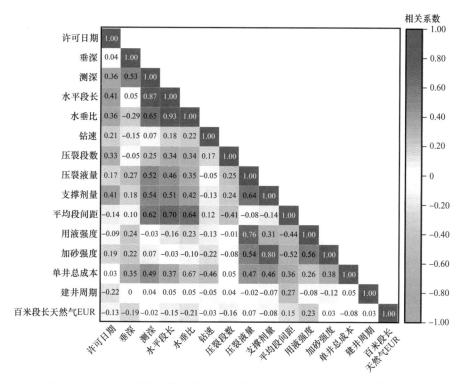

图 5-31　Barnett 页岩气藏水平井产气单井 EUR 影响因素相关系数矩阵图

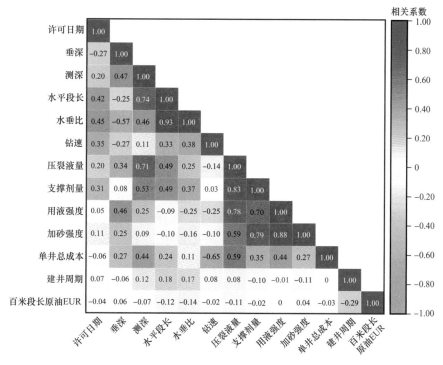

图 5-32　Barnett 页岩气藏水平井产油单井 EUR 影响因素相关系数矩阵图

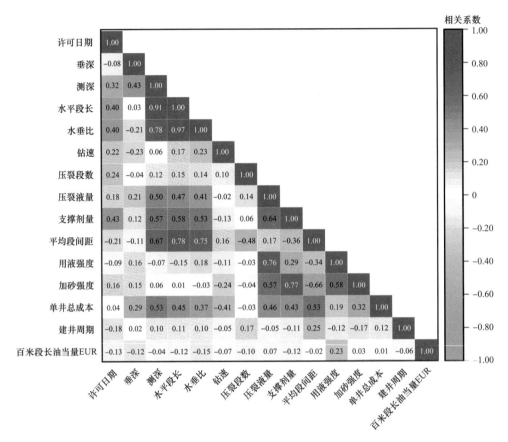

图 5-33　Barnett 页岩气藏水平井产油当量单井 EUR 影响因素相关系数矩阵图

5.4　百吨砂量可采储量

　　加砂强度一直是页岩气水平井分段压裂的关键指标之一，一定程度上反映了分段压裂的规模或强度。加砂强度逐年呈上升趋势，普遍认为提高加砂强度是提高气井生产效果的重要途径。因此，引入百吨砂量 EUR 量化单位砂量产量。

　　图 5-34 给出了 Barnett 页岩气藏水平井百吨砂量产气 EUR 散点分布，统计 1683 口页岩气水平井百吨砂量产气 EUR 范围为（2.81～12733.18）×10⁴m³/100t，平均百吨砂量产气 EUR 为 574.11×10⁴m³/100t，P25 百吨砂量产气 EUR 为 185.4×10⁴m³/100t、P50 百吨砂量产气 EUR 为 345.3×10⁴m³/100t、P75 百吨砂量产气 EUR 为 681.1×10⁴m³/100t、M50 百吨砂量产气 EUR 为 378.2×10⁴m³/100t。不同年度百吨砂量产气 EUR 呈零散分布状，主体分布在 2000×10⁴m³/100t 以内。

　　图 5-35 给出了 Barnett 页岩气藏水平井百吨砂量产油 EUR 散点分布，统计 91 口页岩气水平井百吨砂量产油 EUR 范围为 22.4～2095.3t/100t，平均百吨砂量产油 EUR 为 292.5t/100t、P25 百吨砂量产油 EUR 为 127.0t/100t、P50 百吨砂量产油 EUR 为 219.7t/100t、

P75 百吨砂量产油 EUR 为 349.8t/100t、M50 百吨砂量产油 EUR 为 221.3t/100t。不同年度百吨砂量产油 EUR 呈零散分布状，主体分布在 400t/100t 以内。

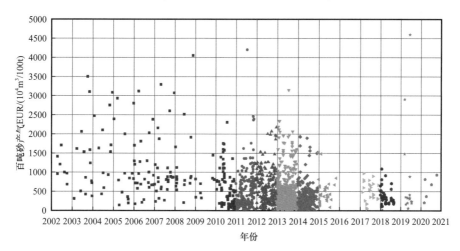

图 5-34　Barnett 页岩气藏水平井产气单井百吨砂量 EUR 散点分布图

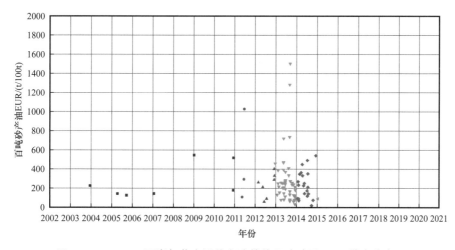

图 5-35　Barnett 页岩气藏水平井产油单井百吨砂量 EUR 散点分布图

　　图 5-36 给出了 Barnett 页岩气藏水平井百吨砂量油当量 EUR 散点分布，统计 780 口页岩气水平井百吨砂量油当量 EUR 范围为 68.35～110808.64t/100t，平均百吨砂量油当量 EUR 为 7212.0t/100t、P25 百吨砂量油当量 EUR 为 2903.9t/100t、P50 百吨砂量油当量 EUR 为 5223.6t/100t、P75 百吨砂量油当量 EUR 为 7891.2t/100t、M50 百吨砂量油当量 EUR 为 2313.4t/100t。不同年度百吨砂量油当量 EUR 呈零散分布状，主体分布在 10000t/100t 以内。

　　图 5-37 给出了 Barnett 页岩气藏水平井百吨砂量产气 EUR 统计分布，统计所有水平井百吨砂量产气 EUR 主体分布在 $2000 \times 10^4 m^3/100t$ 以内。百吨砂量产气 EUR 低于 $100 \times 10^4 m^3/100t$ 气井 190 口，统计占比 11.3%。百吨砂量产气 EUR 为（100～200）× $10^4 m^3/100t$ 气井 286 口，统计占比 17.0%。百吨砂量产气 EUR 为（200～300）× 10^4

m³/100t 气井 272 口，统计占比 16.2%。百吨砂量产气 EUR 为（300～400）×10⁴m³/100t 气井 190 口，统计占比 11.3%。百吨砂量产气 EUR 为（400～500）×10⁴m³/100t 气井 124 口，统计占比 7.4%。百吨砂量产气 EUR 为（500～600）×10⁴m³/100t 气井 133 口，统计占比 7.9%。百吨砂量产气 EUR 为（600～700）×10⁴m³/100t 气井 95 口，统计占比 5.6%。百吨砂量产气 EUR 为（700～800）×10⁴m³/100t 气井 82 口，统计占比 4.9%。百吨砂量产气 EUR 为（800～900）×10⁴m³/100t 气井 73 口，统计占比 4.3%。百吨砂量产气 EUR 为（900～1000）×10⁴m³/100t 气井 37 口，统计占比 2.2%。百吨砂量产气超过 1000×10⁴m³/100t 气井 201 口，统计占比 11.9%。

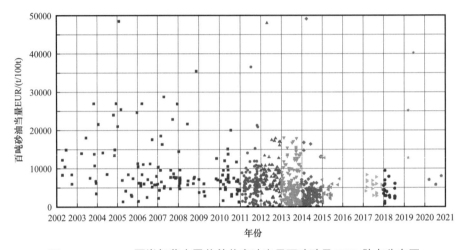

图 5-36　Barnett 页岩气藏水平井单井产油当量百吨砂量 EUR 散点分布图

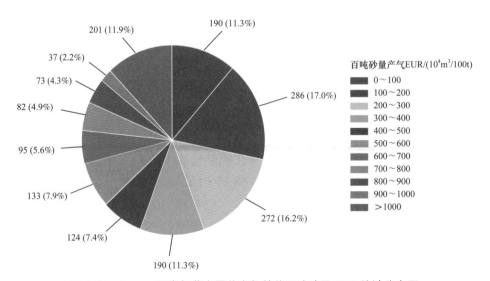

图 5-37　Barnett 页岩气藏水平井产气单井百吨砂量 EUR 统计分布图

图 5-38 给出了 Barnett 页岩气藏水平井百吨砂量产油 EUR 统计分布，统计所有水平井百吨砂量产油 EUR 主体分布在 400t/100t 以内。百吨砂量产油 EUR 低于 100t/100t

气井 18 口, 统计占比 19.8%。百吨砂量产油 EUR 为 100~200t/100t 气井 20 口, 统计占比 21.9%。百吨砂量产油 EUR 200~300t/100t 气井 27 口, 统计占比 29.7%。百吨砂量产油 EUR 为 300~400t/100t 气井 10 口, 统计占比 11.0%。百吨砂量产油 EUR 为 400~500t/100t 气井 7 口, 统计占比 7.7%。百吨砂量产油超过 500t/100t 气井 9 口, 统计占比 9.9%。

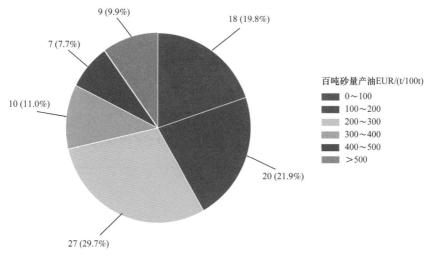

图 5-38 Barnett 页岩气藏水平井产油单井百吨砂量 EUR 统计分布图

图 5-39 给出了 Barnett 页岩气藏水平井百吨砂量油当量 EUR 统计分布, 统计所有水平井百吨砂量油当量 EUR 主体分布在 10000t/100t 以内。百吨砂量油当量 EUR 低于 1000t/100t 气井 59 口, 统计占比 7.6%。百吨砂量油当量 EUR 为 1000~2000t/100t 气井 80 口, 统计占比 10.3%。百吨砂量油当量 EUR 为 2000~3000t/100t 气井 65 口, 统

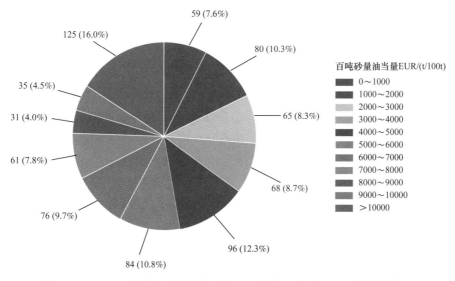

图 5-39 Barnett 页岩气藏水平井产油当量单井百吨砂量 EUR 统计分布图

计占比 8.3%。百吨砂量油当量 EUR 为 3000～4000t/100t 气井 68 口，统计占比 8.7%。百吨砂量油当量 EUR 为 4000～5000t/100t 气井 96 口，统计占比 12.3%。百吨砂量油当量 EUR 为 5000～6000t/100t 气井 84 口，统计占比 10.8%。百吨砂量油当量 EUR 为 6000～7000t/100t 气井 76 口，统计占比 9.7%。百吨砂量油当量 EUR 为 7000～8000t/100t 气井 61 口，统计占比 7.8%。百吨砂量油当量 EUR 为 8000～9000t/100t 气井 31 口，统计占比 4.0%。百吨砂量油当量 EUR 为 9000～10000t/100t 气井 35 口，统计占比 4.5%。百吨砂量油当量超过 10000t/100t 气井 125 口，统计占比 16.0%。

图 5-40 给出了 Barnett 页岩气藏水平井不同年度百吨砂量产气 EUR 学习曲线，统计结果显示不同年度百吨砂量整体呈逐年持平趋势。2011 年以前，气井 P50 百吨砂量产气 EUR 为 $734 \times 10^4 \mathrm{m}^3/100\mathrm{t}$。2011—2014 年，气井 P50 百吨砂量产气 EUR 保持在 $200 \times 10^4 \mathrm{m}^3/100\mathrm{t}$ 以上。2015—2019 年，气井 P50 百吨砂量产气 EUR 保持在 $300 \times 10^4 \mathrm{m}^3/100\mathrm{t}$ 以上。2020 年，气井 P50 百吨砂量产气 EUR 上升至 $685 \times 10^4 \mathrm{m}^3/100\mathrm{t}$。

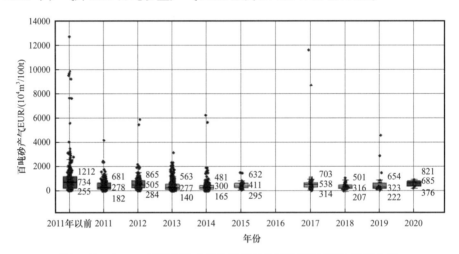

图 5-40　Barnett 页岩气藏水平井产气单井百吨砂量 EUR 学习曲线

图 5-41 给出了 Barnett 页岩气藏水平井不同年度百吨砂量产油 EUR 学习曲线，统计结果显示，不同年度百吨砂量整体呈逐年持平趋势。2011 年以前，气井 P50 百吨砂量产油 EUR 整体位于 205t/100t。2011—2014 年，气井 P50 百吨砂量产油 EUR 保持在 200t/100t 以上。2015 年，气井 P50 百吨砂量产油 EUR 下降至 93t/100t。

图 5-42 给出了 Barnett 页岩气藏水平井不同年度百吨砂量油当量 EUR 学习曲线，统计结果显示，不同年度百吨砂量整体呈逐年持平趋势。2011 年以前，气井 P50 百吨砂量油当量 EUR 为 7540t/100t。2011—2015 年，气井 P50 百吨砂量油当量 EUR 保持在 3000t/100t 以上。2017—2018 年，气井 P50 百吨砂量油当量 EUR 保持在 4000t/100t 以上。2019 年，气井 P50 百吨砂量油当量 EUR 上升至 25240t/100t。2020 年，气井 P50 百吨砂量油当量 EUR 下降至 7173t/100t。

页岩气水平井百吨砂量 EUR 受气藏地质特征、开发技术政策、钻完井及体积压裂等工程技术实施效果、采气工艺技术等多重因素控制。相关系数是研究变量之间线性相关程度的量，反映变量之间相关关系密切程度的统计指标。选取主流的皮尔逊相关系数分析不同因素与百吨砂量可采储量的关联程度。选取许可日期、水平井完钻垂深、水平井测深、水平段长、钻井周期、水垂比、钻速、压裂段数、压裂液量、支撑剂量、平均段间距、用液强度、加砂强度和单井总成本共 14 项参数与百吨砂量 EUR 进行相关系数分析。其中钻井许可日期引入相关性分析用于表征钻完井工程技术经验进步对开发效果的影响。由于缺乏井点详细地质参数，将垂深视为一项地质参数。水平井测深、水平段长、钻井周期、水垂比和钻速为水平井钻完井工程参数。水平井分段压裂参数包括单井压裂段数、压裂液量、支撑剂量、平均段间距、用液强度、加砂强度。单井总成本作为成本参数。

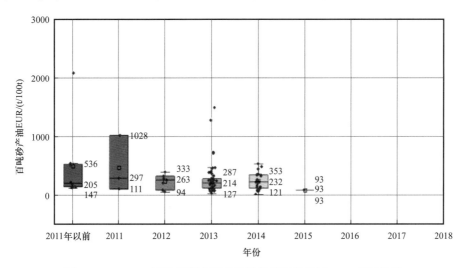

图 5-41 Barnett 页岩气藏水平井产油单井百吨砂量 EUR 学习曲线

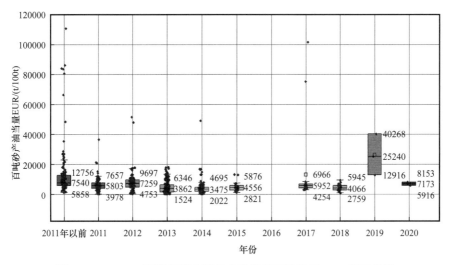

图 5-42 Barnett 页岩气藏水平井产油当量百吨砂量 EUR 学习曲线

图 5-43 给出了 Barnett 页岩气藏所有气井不同参数与百吨砂量产气 EUR 相关系数矩阵。相关系数范围为 -1.0~1.0，相关系数趋向于 -1.0 表示线性相关程度低，相关系数趋向于 1.0 表示线性相关程度高。百吨砂量产气 EUR 与不同参数相关系数分析显示，百吨砂量产气 EUR 主要受平均段间距影响。

图 5-44 给出了 Barnett 页岩气藏所有气井不同参数与百吨砂量产油 EUR 相关系数矩阵。百吨砂量产油 EUR 与不同参数相关系数分析显示，百吨砂量产油 EUR 与各因素相关关系不明显，这可能是由于产油井少，样本数据少。

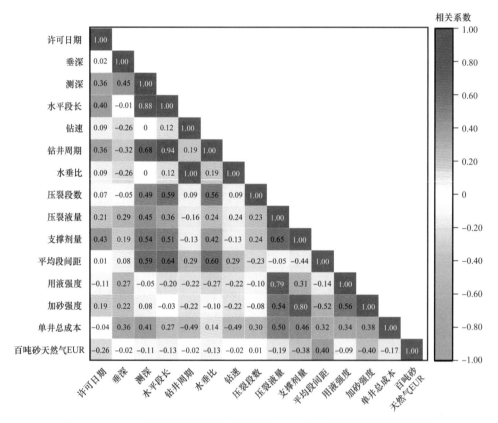

图 5-43 Barnett 页岩气藏水平井产气单井 EUR 影响因素相关系数矩阵图

图 5-45 给出了 Barnett 页岩气藏所有气井不同参数与百吨砂量油当量 EUR 相关系数矩阵。百吨砂量油当量 EUR 与不同参数相关系数分析显示，百吨砂量油当量 EUR 主要受支撑剂量影响。

5.5 建井周期

建井周期是指一口井由开钻到投产所需的时间，主要受钻井周期、待压裂周期、压裂周期、设备利用率、地面工程建设、组织管理效率等多种因素影响。建井周期直接影响一口气井下达投资后实现产量的周期，直接影响气藏或区块建产速度和开发效益。由

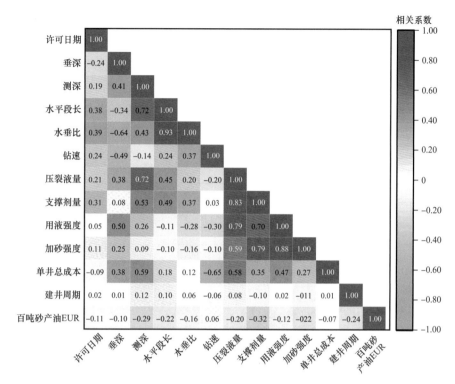

图 5-44 Barnett 页岩气藏水平井产油单井 EUR 影响因素相关系数矩阵图

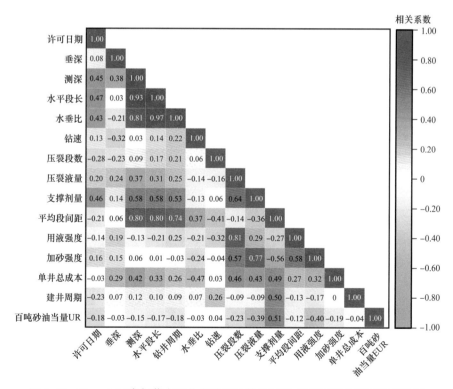

图 5-45 Barnett 页岩气藏水平井产油当量单井 EUR 影响因素相关系数矩阵图

于建井周期是钻完井、压裂和地面工程建设等综合效率的体现，故将建井周期划分到开发指标序列。

图 5-46 给出了 Barnett 页岩气藏水平井建井周期散点分布，建井周期统计气井 14879口，建井周期主体位于 600d 以内，平均单井建井周期为 194d。所有气井统计 P25 建井周期为 94d、P50 建井周期为 134d、P75 建井周期为 212d、M50 建井周期 140d。由于不同年度完钻水平井测深、水平段长、水垂比、钻井周期、待压裂和压裂周期均存在不同程度差异，不同年度水平井建井周期无明显变化趋势。

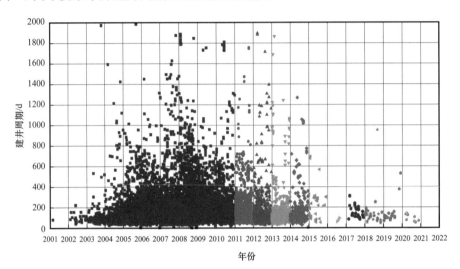

图 5-46　Barnett 页岩气藏水平井建井周期散点分布图

图 5-47 给出 Barnett 页岩气藏水平井建井周期统计分布，统计结果显示，建井周期小于 90d 气井 6884 口，统计占比 46.2%。水平井建井周期介于 90~180d 气井 2325 口，

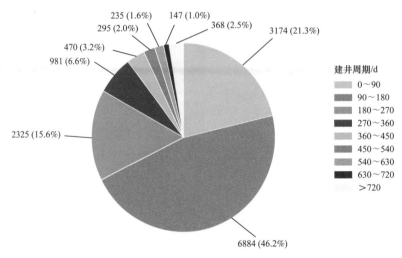

图 5-47　Barnett 页岩气藏水平井建井周期统计分布图

统计占比 15.6%。水平井建井周期介于 180~270d 气井 981 口，统计占比 6.6%。水平井建井周期介于 270~360d 气井 470 口，统计占比 3.2%。水平井建井周期介于 360~450d 气井 295 口，统计占比 2.0%。水平井建井周期介于 450~540d 气井 235 口，统计占比 1.6%。水平井建井周期介于 540~630d 气井 147 口，统计占比 1.0%。水平井建井周期介于 630~720d 气井 368 口，统计占比 2.5%。水平井建井周期大于 720d 气井 3174 口，统计占比 21.3%。水平井建井周期统计分布显示建井周期主体位于 600d 以内。

图 5-48 给出了 Barnett 页岩气藏不同年度水平井建井周期统计分布，水平井建井周期总体呈相对稳定趋势。不同年度水平井 P50 建井周期分布在 85~269d。2015 年 P50 建井周期为历年峰值。

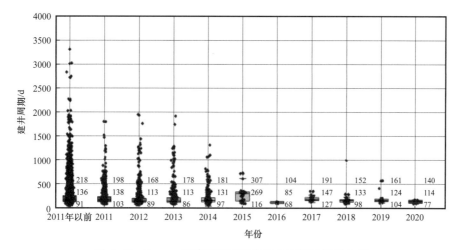

图 5-48 Barnett 页岩气藏水平井建井周期统计分布图

页岩油气水平井建井周期受气藏地质条件、钻完井和压裂施工效率等因素控制。相关系数是研究变量之间线性相关程度的量，反映变量之间相关关系密切程度的统计指标。选取主流的皮尔逊相关系数分析不同因素与建井周期的关联程度。选取许可日期、水平井完钻垂深、水平井测深、水平段长、钻井周期、钻速、水垂比、压裂段数、压裂液量、支撑剂量、平均段间距、用液强度、加砂强度、单井总成本和单井 EUR 与建井周期进行相关系数分析。其中钻井许可日期引入相关性分析用于表征钻完井工程技术经验进步对开发效果的影响。由于缺乏井点详细地质参数，将垂深视为一项地质参数。水平井测深、水平段长、钻井周期、水垂比和钻速为水平井钻完井工程参数。水平井分段压裂参数包括单井压裂段数、压裂液量、支撑剂量、平均段间距、用液强度、加砂强度。单井总成本作为成本参数。

图 5-49 给出了 Barnett 页岩气藏所有气井不同参数与建井周期相关系数矩阵。相关系数范围为 −1.0~1.0，相关系数趋向于 −1.0 表示线性相关程度低，相关系数趋向于 1.0 表示线性相关程度高。建井周期与不同参数相关系数分析显示，建井周期主要受平均段间距影响。

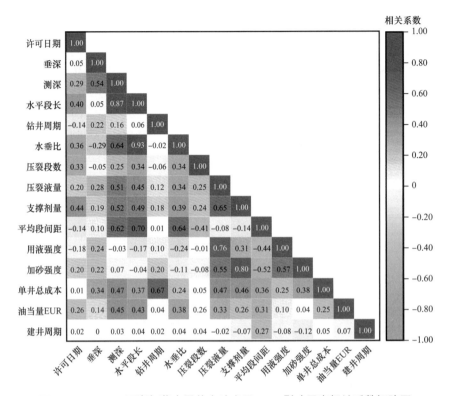

图 5-49 Barnett 页岩气藏水平井产油当量 EUR 影响因素相关系数矩阵图

第6章 开发成本

页岩气是一种典型的低品位边际油气资源，极低的基质渗透率使页岩气储层必须经过体积压裂改造才能形成产能，单井控制体积小，钻井数量是常规油气田的数倍甚至几十倍，压裂改造作业规模也比常规天然气高很多，对技术和场地要求高，作业成本高。页岩气开发单井成本是总成本的主体构成部分，包括钻完井成本和压裂成本。钻完井成本由钻井成本和固井成本构成。压裂成本包括水成本、支撑剂成本、泵送成本和其他成本。

6.1 开发成本构成

开发成本是决定产业发展的根本因素，页岩气也不例外。自2008年美国页岩气产业快速发展以来，外界便开始关注其成本问题，不同机构和学者得出的结论也不尽相同。页岩气的勘探开发包括矿权购置、钻井、完井、基础设施建设、天然气采集和处理、运输、污水处理等过程，据此将整个过程成本划分为矿权购置成本、单井钻压成本、基础设施成本和运营成本四个部分。

（1）矿权购置成本。

从事页岩气勘探开发必须先获得矿权，在美国现行矿产资源法案框架下，公司获得页岩气区矿权的方式有四类。① 早期战略性购置。作业者在页岩区块被开发前，仅以初步地质评价为依据购置矿权，此时区块内没有或仅有极少的页岩气钻探活动，且未开始先导生产，前景尚无法确定。这类区块由于缺少成功的勘探和商业生产案例，可能面临后续勘探不成功、无法实现商业开发的危险，其风险较大，但获取成本一般非常低。② 常规矿权扩展。目前美国主要页岩气区均位于成熟盆地内，有较长的常规油气勘探开发历史，有些作业者的页岩气矿权是通过早期收购或前期持有的常规油气区块所获得。这类页岩气矿权获取方式的费用几乎可忽略不计，持有者有一定的成本优势。③ 快速跟进购置。没有能力独立获取页岩气区块的公司，可能会选择与已有相关资产的公司组建合资企业的方式获得进入机会。这通常出现在目标区块内已有页岩气勘探开发成功案例，相关风险大幅降低之后。但由于此时甜点区尚不明确，存在所进入区块无经济生产潜力的风险。④ 晚期跟随介入。即在页岩气区带已有成案例，且甜点已查明后购入矿权。此时页岩盆地或区块的风险已极低，但矿权购置成本是最高的，通常会是快速跟进购置时所需费用的3～4倍。

（2）单井钻压成本。

单井钻压成本包括用钻机将一口井钻至目标层过程中所需的全部费用，可分为有形成本和无形成本两大类，前者包括套管、尾管等费用，后者包括钻头、钻机租赁、钻井液、测录井服务、燃料等费用。页岩气水平井的单井成本与地质情况、深度、设计方案等有关，不同区带之间有较大差异。完井成本包括完井过程中的射孔、压裂、供水及水处理等所发生的费用，也包括有形成本和无形成本两大类，前者包括尾管、油管、采油树、封隔器等费用，后者包括各类压裂支撑剂、压裂液（包括化合物、瓜尔胶、水等）、大型压裂设备租赁、作业服务、水处理等费用。钻压成本约占页岩气勘探开发井口成本的 60% 左右。美国页岩区带的钻压成本主要受五大因素影响，即与钻机有关的费用、套管和固井费用、水力压裂设备费用、完井液和返排液处理费用、支撑剂费用。其中与钻机有关的费用与钻井效率、井深、钻机日租费用、钻井液用量和动力费用有关；套管与固井费用主要受钢材价格、井身结构和地层压力影响；水力压裂设备费用主要与所需设备的马力和压裂段数有关；完井液费用主要受用水量、所使用的化学剂及压裂液类型（如瓜尔胶、交联凝胶或滑溜水）影响；支撑剂费用与支撑剂类型、来源和用量有关。通常在较浅和压力较低的井中会使用天然砂含量较高的支撑剂，在较深和压力较高的井中会使用更多的人造支撑剂。

（3）基础设施成本。

基础设施包括道路与井场建设、地表设备（储罐、分离器、干燥器等）及人工举升设备等。目前，美国页岩气区内的基础设施费用在数十万美元。

（4）运营成本。

运营成本是开发运营过程中发生的各种费用，会因产液类型、作业位置、井的规模和产量水平而有差异。一般而言，陆上页岩气井的运营成本包括固定成本和可变成本两大类，前者是将页岩气采至井口的费用，主要包括人工举升、气井维护、修井等费用，也被称为开采成本；后者是将页岩气从井口运至采购点、交易中心或炼厂过程中所发生的费用，主要包括采集、处理、运输等费用。在美国，输送页岩气的中游设施由第三方公司运营，上游生产者根据输油气量向中游公司支付费用。① 开采成本：不同页岩区带甚至同一页岩区带不同地区的开采成本差距较大。就页岩气井整个生命周期而言，产量越高所需的开采成本也越高。② 采集、处理与运输成本：指页岩气生产商向中游公司支付的费用，不同公司间差异较大，通常在某一地区占据主要份额的生产商能够享受较低的费率。③ 水处理成本：页岩气生产过程中返排至地表的污水和压裂液需要进行处理。通常情况下，在页岩气井开始生产 30~45d 后产生的返排流体和地层水处理费用会计入运营成本中。受处理手段差异、回注和循环利用影响，页岩气井的水处理成本差距较大。④ 一般行政成本：目前美国页岩气井运营的一般行政成本大致为 1~4 美元 / 桶油当量。

6.2 降低成本措施

2014 年下半年以来，为应对油价暴跌带来的压力，北美地区的主要页岩气作业公司纷纷采取技术和管理措施，大幅度降低成本，取得了较好的成效。在钻完井设计、现场作业施工、作业管理及压裂作业等方面不断取得突破，通过采取钻井提速、减少非作业时间、压缩材料费用等措施有效地降低开发成本。

（1）钻完井优化设计。

通过加大水平段长度，单井场多产层共同开发，应用水循环系统降低用水成本等措施系统降低钻井成本。结合水平井钻井技术现状持续增加水平段长，进而提高单井产量而摊销单位成本。应用单井场实现多产层共同开发，充分利用一次井场，减少井场占用面积，通过优化设计对地下储层进行多层开发，实现区块总体效益的提升。

完井优化设计包括压裂优化设计、完井方式优化设计、压裂液回收利用和一体化设计优化。为了增大裂缝与储层的接触面积，提高单井产能，采用多裂缝设计。通过加密射孔，缩短压裂间距，在同等长度水平段，可以布置更多的压裂级数。作业者针对储层各层位产油气特性，减少无效压裂层段，通过改进完井方式提高单井产能。页岩油气井压裂一般采用多级分段、高排量和超大液量的压裂模式，返排液量往往是常规压裂的十倍甚至十几倍。返排液中含有悬浮物、石油、重金属离子和细菌等，是一种污染性很强的废水。采用现场水循环系统，使现场水资源循环利用，节省成本且更加环保。钻井流体优化、完井设计、整体需求规划和计划、材料供应等一体化设计与管理方面具有充分优化空间。

（2）精细现场作业管理。

通过减少非作业时间，压缩材料成本，提高物流管理精度降低开发成本。具体措施包括广泛应用移动钻井平台、工厂批量钻井作业模式、拉链式压裂和交叉压裂作业模式等。利用移动钻井平台进行工厂化作业，可将常规钻井平台移动时间降至半个小时左右，可大量节省作业时间和成本。快速移动钻机具有便携、快速、灵活、安全等特点。钻机的液压系统能使钻机稳定、可靠、安全、精确移动和举升。钻机转盘和驱动内置于钻台，导轨内置于桅杆上，安装快速。陆续采用批量钻井进行工厂化钻完井，大幅减少非作业时间。批量钻井主要指按照顺序批量完成多口井的表层、直井段和水平井段。可以利用不同的钻机或者单一钻机，实现在同一井组中相同井段同样配置钻机和底部钻具，节省大量换钻具时间。拉链式压裂广泛应用于并行的两井组，两井组同时并行压裂。目前在一个井组中也广泛应用了交叉压裂，即相邻的两口井进行交叉压裂，可以增加相互的地层干扰，提高产量。

（3）过程管理优化。

通过对材料、管理、设计进行综合优化，进一步降低成本。将页岩气勘探开发管理划分为一体化设计（规划）、钻完井管理和技术服务、物流管理、材料管理、钻井自动化和分析、专业合作（钻井、地质、作业者及施工方）六大领域综合优化进一步降低开发成本。

（4）老井重复压裂。

老井重复压裂已成为作业者提高产能、降低作业成本的一种有效方法。重复压裂成本是新钻井钻完井成本的 20%～35%，压后能恢复 31%～76% 的初产量，具有较好的经济效益。

6.3 影响因素分析

页岩气水平井钻井及压裂成本主要受区域地质条件、井身结构参数、分段压裂规模及强度等多重因素影响。北美页岩油气钻井广泛采用日费制模式降低钻完成成本。日费制是石油技术服务领域钻井承包方式之一。所谓日费制就是由公司提供钻头、钻井液、套管、水泥以及钻前、运输、固井、测井、测试等有关专业技术服务，钻井承包商提供钻井船（或平台）、钻机、辅助设备和人员设备。油公司按双方合同中规定的日费标准和钻井船（或平台）在工区作业日数向钻井承包商支付工程费用。在这种承包方式中，油公司承担几乎所有的地质和工程风险，包括地层压力高于预测值、漏失、卡钻、打捞、实际钻速低于预期钻速以及其他不确定因素造成的风险，但设备故障造成钻机不能作业的损失由钻井承包商承担。日费的变化主要根据以下几个方面的因素，一是国际油价水平，当油价上升，技术服务承包商要分享高油价带来的暴利，带动了工程技术服务费用的上扬。二是海上勘探不断获得新的发现，海洋石油开发掀起热潮，钻井数量激增，钻井平台供不应求时，日费水平将会大幅度提高。因此，钻井相关成本直接与钻井周期相关。

图 6-1 给出了 Barnett 页岩气藏水平井钻压成本影响因素相关系数矩阵图。单井钻压成本主要影响因素依次为压裂液量、钻井周期、测深和压裂段数、支撑剂量、水平段长、垂深。单井钻压成本与日期不具备相关性。受日费制钻井模式影响，钻井成本直接与钻井周期相关。影响钻井成本的主要因素依次为钻井周期、测深、水平段长、垂深和许可日期，其中许可日期钻井成本随市场的变化而变化。固井成本主要受测深和水平段长影响。水成本直接与压裂液量相关，影响水成本因素依次为压裂液量、支撑剂量、钻井周期、测深、垂深和水平段长。支撑剂成本直接和支撑剂用量相关。泵送成本主要受压裂液量、水平段长和测深影响。其他成本主要受钻井周期、支撑剂量、压裂液量、许可日期和测深影响。通过成本影响因素相关系数矩阵初步判断不同因素与成本相关性，为后续单位成本标准指标选取及计算提供依据。

6.4 单井成本及构成

图 6-2 给出了 Barnett 页岩气藏单井钻井压裂总成本散点分布，统计 3377 口页岩气水平井单井钻压成本范围为（107～660）万美元，平均单井钻压成本 288 万美元，P25 单井钻压成本 225 万美元、P50 单井钻压成本 277 万美元、P75 单井钻压成本 339 万美元、

M50 单井钻压成本 278 万美元。单井钻压成本中钻井和固井成本占比范围 10.4%～88.2%，平均钻井和固井成本占比 43.2%、P25 钻井和固井成本占比 34.0%、P50 钻井和固井成本占比 41.6%、P75 钻井和固井成本占比 51.3%、M50 钻井和固井成本占比 41.9%。单井钻压成本中压裂成本占比范围 11.8%～89.6%，平均压裂成本占比 56.8%、P25 压裂成本占比 48.7%、P50 压裂成本占比 58.4%、P75 压裂成本占比 66.0%、M50 压裂成本占比 58.1%。

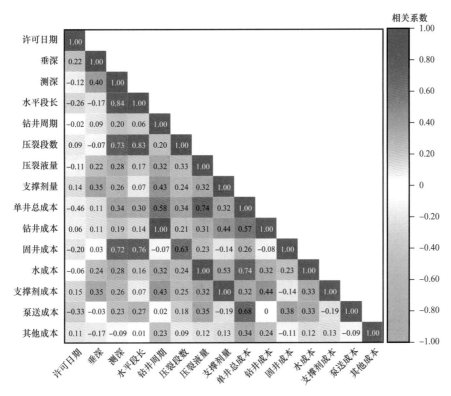

图 6-1　Barnett 页岩气藏水平井钻压成本影响因素相关系数矩阵图

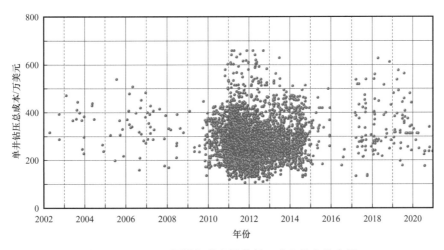

图 6-2　Barnett 页岩气藏水平井钻压成本散点分布图

图 6-3 给出了 Barnett 页岩气藏单井钻压成本统计分布图，单井钻压成本范围为（107～660）万美元。单井钻压成本（100～150）万美元统计水平井 96 口，占比 2.8%。单井钻压成本（150～200）万美元统计水平井 455 口，占比 13.5%。单井钻压成本 200～250 万美元统计水平井 687 口，占比 20.3%。单井钻压成本（250～300）万美元统计水平井 798 口，占比 23.7%。单井钻压成本（300～350）万美元统计水平井 598 口，占比 17.7%。单井钻压成本（350～400）万美元统计水平井 368 口，占比 10.9%。单井钻压成本 400～450 万美元统计水平井 210 口，占比 6.2%。单井钻压成本（450～500）万美元统计水平井 79 口，占比 2.3%。单井钻压成本（500～550）万美元统计水平井 46 口，占比 1.4%。单井钻压成本（550～600）万美元统计水平井 16 口，占比 0.5%。单井钻压成本超过 600 万美元统计水平井 24 口，占比 0.7%。

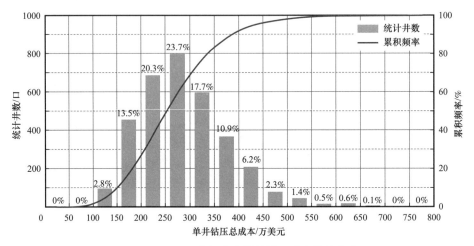

图 6-3　Barnett 页岩气藏水平井钻压成本统计分布图

图 6-4 给出了 Barnett 页岩气藏水平井钻压成本年度学习曲线，2006 年以前统计水平井 26 口，平均单井钻压成本 347 万美元，P25 单井钻压成本 291 万美元、P50 单井钻压成本 368 万美元、P75 单井钻压成本 398 万美元。2006 年统计水平井 18 口，平均单井钻压成本 361 万美元，P25 单井钻压成本 313 万美元、P50 单井钻压成本 361 万美元、P75 单井钻压成本 417 万美元。2007 年统计水平井 14 口，平均单井钻压成本 344 万美元，P25 单井钻压成本 297 万美元、P50 单井钻压成本 348 万美元、P75 单井钻压成本 398 万美元。2008 年统计水平井 9 口，平均单井钻压成本 311 万美元，P25 单井钻压成本 262 万美元、P50 单井钻压成本 317 万美元、P75 单井钻压成本 364 万美元。2009 年统计水平井 31 口，平均单井钻压成本 300 万美元，P25 单井钻压成本 251 万美元、P50 单井钻压成本 301 万美元、P75 单井钻压成本 361 万美元。2010 年统计水平井 385 口，平均单井钻压成本 293 万美元，P25 单井钻压成本 235 万美元、P50 单井钻压成本 284 万美元、P75 单井钻压成本 343 万美元。2011 年统计水平井 1164 口，平均单井钻压成本 286 万美元，P25 单井钻压成本 217 万美元、P50 单井钻压成本 278 万美元、P75 单井钻压成本 340 万美元。2012

年统计水平井 734 口，平均单井钻压成本 274 万美元，P25 单井钻压成本 205 万美元、P50 单井钻压成本 269 万美元、P75 单井钻压成本 320 万美元。2013 年统计水平井 509 口，平均单井钻压成本 285 万美元，P25 单井钻压成本 232 万美元、P50 单井钻压成本 268 万美元、P75 单井钻压成本 320 万美元。2014 年统计水平井 307 口，平均单井钻压成本 297 万美元，P25 单井钻压成本 231 万美元、P50 单井钻压成本 284 万美元、P75 单井钻压成本 351 万美元。2015 年统计水平井 31 口，平均单井钻压成本 326 万美元，P25 单井钻压成本 266 万美元、P50 单井钻压成本 316 万美元、P75 单井钻压成本 368 万美元。2016 年统计水平井 3 口，平均单井钻压成本 312 万美元，P25 单井钻压成本 265 万美元、P50 单井钻压成本 300 万美元、P75 单井钻压成本 370 万美元。2017 年统计水平井 38 口，平均单井钻压成本 325 万美元，P25 单井钻压成本 257 万美元、P50 单井钻压成本 296 万美元、P75 单井钻压成本 403 万美元。2018 年统计水平井 37 口，平均单井钻压成本 351 万美元，P25 单井钻压成本 272 万美元、P50 单井钻压成本 301 万美元、P75 单井钻压成本 404 万美元。2019 年统计水平井 47 口，平均单井钻压成本 351 万美元，P25 单井钻压成本 313 万美元、P50 单井钻压成本 337 万美元、P75 单井钻压成本 387 万美元。2020 年统计水平井 24 口，平均单井钻压成本 340 万美元，P25 单井钻压成本 323 万美元、P50 单井钻压成本 350 万美元、P75 单井钻压成本 385 万美元。

Barnett 页岩气藏历年水平井单井钻压成本总体呈先下降后上升趋势。P50 单井钻压成本以 2013 年为分界点，2013 年以前 P50 单井钻压成本呈逐年下降趋势。P50 单井钻压成本由 2006 年以前的 368 万美元逐渐下降至 268 万美元。2013 年以后，P50 单井钻压成本呈逐年增加趋势，其中 2016—2018 年 P50 单井钻压成本保持稳定。2020 年单井钻压成本为 350 万美元。

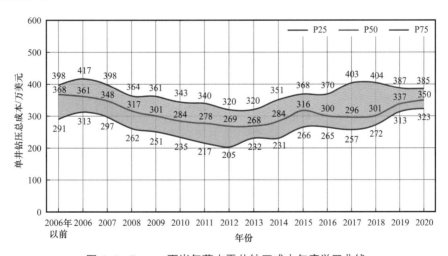

图 6-4　Barnett 页岩气藏水平井钻压成本年度学习曲线

图 6-5 给出了 Barnett 页岩气藏不同年度水平井钻完井成本及压裂成本占比变化趋势图，不同年度钻完井成本在单井钻压成本中占比范围 40.9%～61.0%，压裂成本在单井钻

压成本中占比范围 39.0%～59.1%。2007 年以前钻完井成本占比整体高于压裂成本占比。2008—2014 年期间钻井成本占比整体低于压裂成本占比。2015—2020 年，钻完井与压裂成本占比相当，2020 年钻完井成本占比单井钻压成本 53.7%，压裂成本占比单井钻压成本 46.3%。

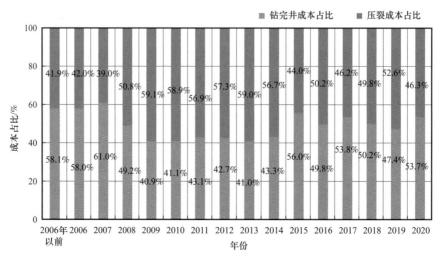

图 6-5 Barnett 页岩气藏不同年度水平井钻完井成本及压裂成本占比统计图

6.5 钻井成本

单井钻井成本主要受气藏地质条件、水平井钻井技术水平、垂深、测深、水平段长、水垂比等因素影响。利用许可日期、垂深、测深、水平段长、钻井周期、水垂比和

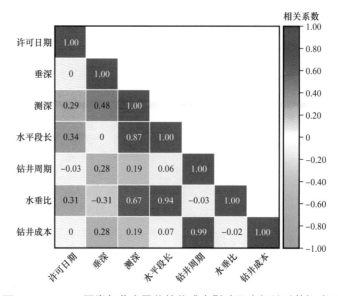

图 6-6 Barnett 页岩气藏水平井钻井成本影响因素相关系数矩阵图

钻井成本绘制皮尔逊相关系数矩阵初步认识不同因素与钻井成本相关性。图 6-6 给出了 Barnett 页岩气藏 23299 个数据项绘制的相关系数矩阵图。由于日费制模式，水平井钻井成本与钻井周期直接相关，相关系数高达 0.99。影响钻井成本的主要因素依次为钻井周期、垂深、测深和水平段长。钻井成本与许可日期和水垂比无相关性。

图 6-7 给出了 Barnett 页岩气藏水平井单井钻井成本及单位进尺钻井成本散点分布。单井钻井成本统计 3377 口水平井分布范围为（7～492）万美元，平均单井钻井成本 108 万美元，P25 单井钻井成本 73 万美元、P50 单井钻井成本 91 万美元、P75 单井钻井成本 121 万美元、M50 单井钻井成本 93 万美元。单位进尺钻井成本统计 3359 口水平井分布范围 18～1596 美元 /m，平均单位进尺钻井成本 298 美元 /m，P25 单位进尺钻井成本 204 美元 /m、P50 单位进尺钻井成本 252 美元 /m、P75 单位进尺钻井成本 327 美元 /m、M50 单位进尺钻井成本 256 美元 /m。

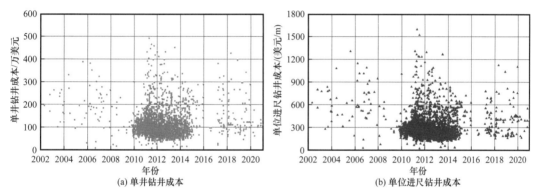

图 6-7　Barnett 页岩气藏水平井单井钻井成本及单位进尺钻井成本散点图

图 6-8 给出了 Barnett 页岩气藏水平井单井钻井成本及单位进尺钻井成本统计分布。单井钻井成本统计显示，钻井成本低于 50 万美元 / 口统计水平井 119 口，占比 3.5%。钻井成本（50～100）万美元 / 口统计水平井 1862 口，占比 55.2%。钻井成本（100～150）万美元 / 口统计水平井 893 口，占比 26.5%。钻井成本（150～200）万美元 / 口统计水平井 245 口，占比 7.3%。钻井成本（200～250）万美元 / 口统计水平井 130 口，占比 3.8%。钻井成本（250～300）万美元 / 口统计水平井 68 口，占比 2.0%。钻井成本（300～350）万美元 / 口统计水平井 34 口，占比 1.0%。钻井成本（350～400）万美元 / 口统计水平井 14 口，占比 0.4%。钻井成本（400～450）万美元 / 口统计水平井 8 口，占比 0.2%。钻井成本（450～500）万美元 / 口统计水平井 4 口，占比 0.1%。单井钻井成本主体集中在（50～150）万美元 / 口区间。

单位进尺钻井成本统计分布显示，单位进尺钻井成本低于 100 美元 /m 统计水平井 12 口，占比 0.4%。单位进尺钻井成本 100～200 美元 /m 统计水平井 743 口，占比 22.1%。单位进尺钻井成本 200～300 美元 /m 统计水平井 1550 口，占比 46.1%。单位进尺钻井成本 300～400 美元 /m 统计水平井 517 口，占比 15.4%。单位进尺钻井成本 400～500 美元 /m

统计水平井 212 口，占比 6.3%。单位进尺钻井成本 500～600 美元 /m 统计水平井 153 口，占比 4.6%。单位进尺钻井成本 600～700 美元 /m 统计水平井 59 口，占比 1.8%。单位进尺钻井成本 700～800 美元 /m 统计水平井 45 口，占比 1.3%。单位进尺钻井成本超过 800 美元 /m 统计水平井 68 口，占比 2.0%。单位进尺钻井成本主体分布在 100～400 美元 /m 区间。

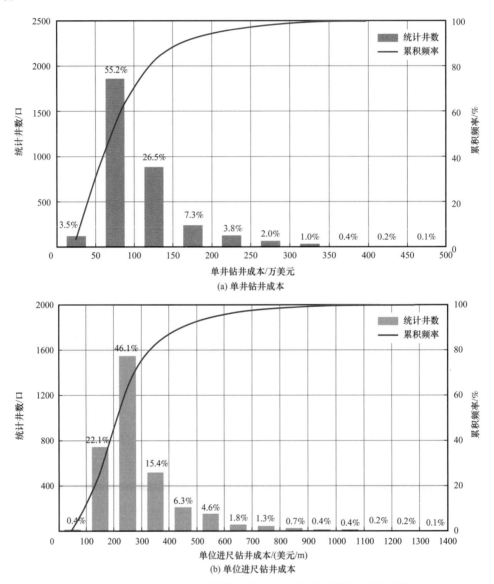

图 6-8　Barnett 页岩气藏水平井钻井成本及单位进尺钻井成本统计分布图

　　利用不同年度钻井成本及单位进尺钻井成本统计 P25、P50 和 P75 参数值绘制钻井成本和单位进尺钻井成本年度学习曲线。年度成本学习曲线反映了钻井成本及单位进尺钻井成本的变化趋势，图 6-9 和图 6-10 分别给出了 Barnett 页岩气藏单井钻井成本和单位进尺钻井成本的年度学习曲线。

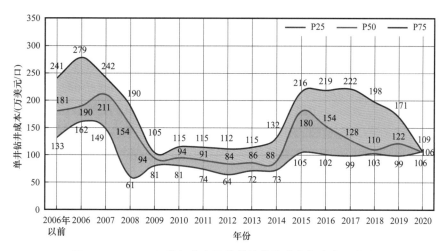

图 6-9　Barnett 页岩气藏水平井单井钻井成本年度学习曲线

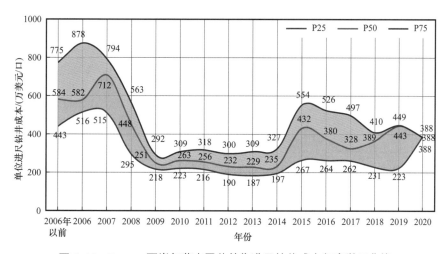

图 6-10　Barnett 页岩气藏水平井单位进尺钻井成本年度学习曲线

单井钻井成本年度学习曲线显示。2006 年以前统计水平井 26 口，平均钻井成本 189 万美元 / 口，P25 钻井成本 133 万美元 / 口、P50 钻井成本 181 万美元 / 口、P75 钻井成本 241 万美元 / 口。2006 年统计水平井 18 口，平均钻井成本 207 万美元 / 口，P25 钻井成本 162 万美元 / 口、P50 钻井成本 190 万美元 / 口、P75 钻井成本 279 万美元 / 口。2007 年统计水平井 14 口，平均钻井成本 195 万美元 / 口，P25 钻井成本 149 万美元 / 口、P50 钻井成本 211 万美元 / 口、P75 钻井成本 242 万美元 / 口。2008 年统计水平井 9 口，平均钻井成本 128 万美元 / 口，P25 钻井成本 61 万美元 / 口、P50 钻井成本 154 万美元 / 口、P75 钻井成本 190 万美元 / 口。2009 年统计水平井 31 口，平均钻井成本 101 万美元 / 口，P25 钻井成本 81 万美元 / 口、P50 钻井成本 94 万美元 / 口、P75 钻井成本 105 万美元 / 口。2010 年统计水平井 385 口，平均钻井成本 100 万美元 / 口，P25 钻井成本 81 万美元 / 口、P50 钻井成本 94 万美元 / 口、P75 钻井成本 115 万美元 / 口。2011 年统计水平井 1164 口，

平均钻井成本 105 万美元 / 口，P25 钻井成本 74 万美元 / 口、P50 钻井成本 91 万美元 / 口、
P75 钻井成本 115 万美元 / 口。2012 年统计水平井 734 口，平均钻井成本 100 万美元 / 口，
P25 钻井成本 64 万美元 / 口、P50 钻井成本 84 万美元 / 口、P75 钻井成本 112 万美元 / 口。
2013 年统计水平井 509 口，平均钻井成本 102 万美元 / 口，P25 钻井成本 72 万美元 / 口、
P50 钻井成本 86 万美元 / 口、P75 钻井成本 115 万美元 / 口。2014 年统计水平井 307 口，平
均钻井成本 111 万美元 / 口，P25 钻井成本 73 万美元 / 口、P50 钻井成本 88 万美元 / 口、
P75 钻井成本 132 万美元 / 口。2015 年统计水平井 31 口，平均钻井成本 169 万美元 / 口，
P25 钻井成本 105 万美元 / 口、P50 钻井成本 180 万美元 / 口、P75 钻井成本 216 万美元 / 口。
2016 年统计水平井 3 口，平均钻井成本 158 万美元 / 口，P25 钻井成本 102 万美元 / 口、
P50 钻井成本 154 万美元 / 口、P75 钻井成本 219 万美元 / 口。2017 年统计水平井 38 口，平
均钻井成本 161 万美元 / 口，P25 钻井成本 99 万美元 / 口、P50 钻井成本 128 万美元 / 口、
P75 钻井成本 222 万美元 / 口。2018 年统计水平井 37 口，平均钻井成本 155 万美元 / 口，
P25 钻井成本 103 万美元 / 口、P50 钻井成本 110 万美元 / 口、P75 钻井成本 198 万美元 / 口。
2019 年统计水平井 47 口，平均钻井成本 142 万美元 / 口，P25 钻井成本 99 万美元 / 口、
P50 钻井成本 122 万美元 / 口、P75 钻井成本 171 万美元 / 口。2020 年统计水平井 24 口，平
均钻井成本 109 万美元 / 口，P25 钻井成本 106 万美元 / 口、P50 钻井成本 106 万美元 / 口、
P75 钻井成本 109 万美元 / 口。

单位进尺钻井成本年度学习曲线显示，2006 年以前统计水平井 25 口，平均单位进尺
钻井成本 599 美元 /m，P25 单位进尺钻井成本 443 美元 /m、P50 单位进尺钻井成本 584
美元 / 口、P75 单位进尺钻井成本 775 美元 /m。2006 年统计水平井 18 口，平均单位进尺
钻井成本 647 美元 /m，P25 单位进尺钻井成本 516 美元 /m、P50 单位进尺钻井成本 582
美元 / 口、P75 单位进尺钻井成本 878 美元 /m。2007 年统计水平井 12 口，平均单位进尺
钻井成本 677 美元 /m，P25 单位进尺钻井成本 515 美元 /m、P50 单位进尺钻井成本 712
美元 / 口、P75 单位进尺钻井成本 794 美元 /m。2008 年统计水平井 7 口，平均单位进尺
钻井成本 410 美元 /m，P25 单位进尺钻井成本 295 美元 /m、P50 单位进尺钻井成本 448
美元 / 口、P75 单位进尺钻井成本 563 美元 /m。2009 年统计水平井 31 口，平均单位进尺
钻井成本 284 美元 /m，P25 单位进尺钻井成本 218 美元 /m、P50 单位进尺钻井成本 251
美元 / 口、P75 单位进尺钻井成本 292 美元 /m。2010 年统计水平井 383 口，平均单位进
尺钻井成本 277 美元 /m，P25 单位进尺钻井成本 223 美元 /m、P50 单位进尺钻井成本 263
美元 / 口、P75 单位进尺钻井成本 309 美元 /m。2011 年统计水平井 1163 口，平均单位进
尺钻井成本 298 美元 /m，P25 单位进尺钻井成本 216 美元 /m、P50 单位进尺钻井成本 256
美元 / 口、P75 单位进尺钻井成本 318 美元 /m。2012 年统计水平井 733 口，平均单位进
尺钻井成本 279 美元 /m，P25 单位进尺钻井成本 190 美元 /m、P50 单位进尺钻井成本 232
美元 / 口、P75 单位进尺钻井成本 300 美元 /m。2013 年统计水平井 509 口，平均单位进
尺钻井成本 277 美元 /m，P25 单位进尺钻井成本 187 美元 /m、P50 单位进尺钻井成本 229
美元 / 口、P75 单位进尺钻井成本 309 美元 /m。2014 年统计水平井 301 口，平均单位进

尺钻井成本 290 美元 /m，P25 单位进尺钻井成本 197 美元 /m、P50 单位进尺钻井成本 235 美元 / 口、P75 单位进尺钻井成本 327 美元 /m。2015 年统计水平井 30 口，平均单位进尺钻井成本 420 美元 /m，P25 单位进尺钻井成本 267 美元 /m、P50 单位进尺钻井成本 432 美元 / 口、P75 单位进尺钻井成本 554 美元 /m。2016 年统计水平井 3 口，平均单位进尺钻井成本 390 美元 /m，P25 单位进尺钻井成本 264 美元 /m、P50 单位进尺钻井成本 380 美元 / 口、P75 单位进尺钻井成本 526 美元 /m。2017 年统计水平井 36 口，平均单位进尺钻井成本 395 美元 /m，P25 单位进尺钻井成本 262 美元 /m、P50 单位进尺钻井成本 328 美元 / 口、P75 单位进尺钻井成本 497 美元 /m。2018 年统计水平井 37 口，平均单位进尺钻井成本 390 美元 /m，P25 单位进尺钻井成本 231 美元 /m、P50 单位进尺钻井成本 369 美元 / 口、P75 单位进尺钻井成本 410 美元 /m。2019 年统计水平井 47 口，平均单位进尺钻井成本 411 美元 /m，P25 单位进尺钻井成本 223 美元 /m、P50 单位进尺钻井成本 443 美元 / 口、P75 单位进尺钻井成本 449 美元 /m。2020 年统计水平井 24 口，平均单位进尺钻井成本 375 美元 /m，P25 单位进尺钻井成本 388 美元 /m、P50 单位进尺钻井成本 388 美元 / 口、P75 单位进尺钻井成本 388 美元 /m。

图 6-11 给出了 Barnett 页岩气藏不同垂深范围和测深范围水平井对应钻井成本及单位进尺钻井成本统计曲线。统计曲线显示，随水平井测深增加，单井钻井成本呈增加趋势，单位进尺钻井成本呈先下降后上升趋势。图 6-12 和图 6-13 给出了 Barnett 页岩气藏不同

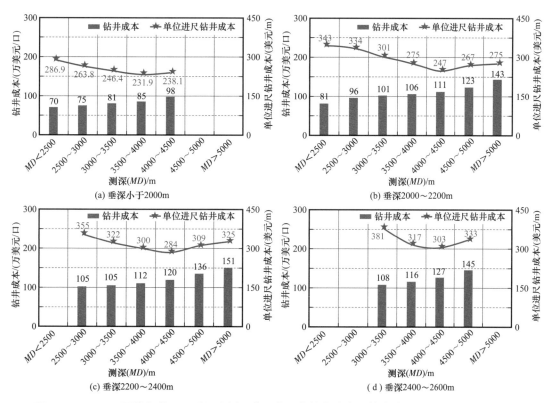

图 6-11　Barnett 页岩气藏不同垂深和测深范围水平井钻井成本及单位进尺钻井成本统计分布图

垂深和测深范围水平井统计钻井成本及单位进尺钻井成本曲线。垂深是影响水平井钻井成本的关键因素，相同测深条件下，随垂深增加，水平井钻井成本和单位进尺钻井成本呈增加趋势。相同垂深条件下，单井钻井成本随测深增加而增加，单位进尺钻井成本随测深增加呈先上升后下降趋势。不同垂深和测深范围单位进尺钻井成本统计变化曲线显示，存在合理水平井测深使得单位进尺钻井成本最低。垂深小于 2000m 时，单位进尺钻井成本最小值对应测深范围 3500～4000m。垂深超过 2000m 时，单位进尺钻井成本最小值对应测深范围 4000～4500m。

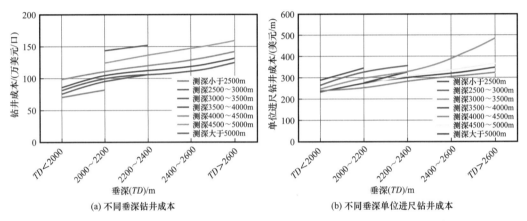

图 6-12　Barnett 页岩气藏水平井不同垂深钻井成本及单位进尺钻井成本统计曲线

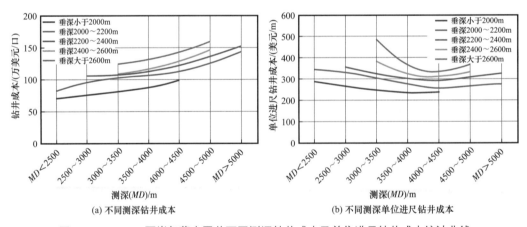

图 6-13　Barnett 页岩气藏水平井不同测深钻井成本及单位进尺钻井成本统计曲线

由于"日费制"结算模式，单井钻井成本与钻井周期强相关（图 6-6）。引入单位时间钻井成本参数用于横向对比分析。单位时间钻井成本分析统计样本数 3255 口，单位时间钻井成本范围（6.4～7.6）万美元 /d，平均单位时间钻井成本 7.0 万美元 /d，P25 单位时间钻井成本 6.7 万美元 /d、P50 单位时间钻井成本 7.0 万美元 /d、P75 单位时间钻井成本 7.2 万美元 /d、M50 单位时间钻井成本 6.9 万美元 /d。自 Barnett 页岩气藏规模开发以来，单位时间钻井成本呈稳定分布方式，总体分布在（6.4～7.6）万美元 /d 区间，相对波动幅度较小。图 6-14 给出了 Barnett 页岩气藏水平井钻井成本与钻井周期的统计关系曲线，水平井单井钻井成本与钻井周期呈极好的线性统计关系。线性回归结果显示，水平井单井钻井成本与钻井周期对应斜率为 6.9444，线性回归系数高达 0.9978。由此可知，提高钻井效率降低钻井周期是大幅降低水平井钻井成本的关键。

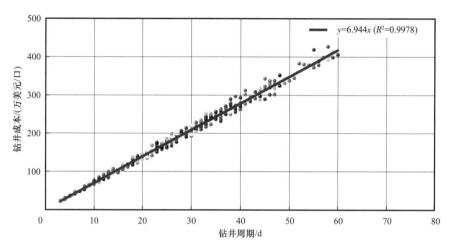

图 6-14　Barnett 页岩气藏水平井单位时间钻井成本与钻井周期关系曲线

6.6　固井成本

固井是油气井建井过程中最为重要的环节之一，其主要目的就是封隔井内的油、气、水层，防止层间相互串通，保护油气井套管，增加油气井的寿命。对于页岩气水平井固井而言，页岩含泥质较多，具有易膨胀、易破碎的特点，页岩气储层多为低孔低渗，90%以上的页岩气井的完井方式是套管固井后射孔的完井方式，采用多级压裂技术来提高页岩气的产量。因此，在固井过程中能否有效封固页岩气储层，是后期页岩气井生产寿命和能否稳产的关键。

作为勘探开发过程中一个非常重要的环节，固井工程在具体施工过程中的施工质量对页岩气水平井产能和有效开发周期会产生直接影响。页岩气藏的储层特征和提高单井产能的勘探开发目标决定了页岩气水平井钻完井工艺特点，而储层特征及钻完井工艺特点又共同决定了页岩气水平井固井所面临的难点：

（1）油基钻井液置换及界面清洗困难，顶替效率不高。油基钻井液的清除是页岩气水平井固井中最重要的一个工作。油基钻井液黏度高、附着力强，常规水基前置液对其清洗和驱替效果差。

（2）管串安全下入难度大。页岩气水平井水平段长，大斜度井段、水平井段高伽马碳质页岩易垮塌，造成井眼不规则，形成"大肚子"井眼，管串下入时易阻卡。多级分段压裂所需完井工具管串结构复杂，下入过程中损坏风险大。

（3）固井过程中的井漏。无论是在常规油气藏还是页岩气藏固井中，井漏都是时常遇到的复杂事故。固井作业过程中，浆柱产生的正压差要比钻井过程中的压差大得多，且要求水泥浆返至地面，封固段长，顶替后期易出现漏失。

（4）固井后早期气窜。虽然页岩气藏储层的渗透率低，但其储层的压力比较高，固井后早期气窜将影响界面胶结质量，降低水泥环性能。

（5）对水泥浆和水泥石性能要求高。良好的固井胶结质量和水泥石性能是页岩气井长期生产寿命和水力压裂有效性的重要保证。

页岩气水平井固井成本受区域地层复杂程度、完钻井深、水平段长、测深、施工作业模式等多重因素影响。固井成本是钻完井成本中的重要组成部分。除固井成本外，本文引入单位进尺固井成本用于横向对比分析。图 6-15 给出了 Barnett 页岩气藏 23358 个数据项绘制的相关系数矩阵图。影响固井成本的主要因素依次为测深、水平段长、垂深和许可日期。影响单位进尺固井成本的主要因素包括垂深、测深和许可日期。

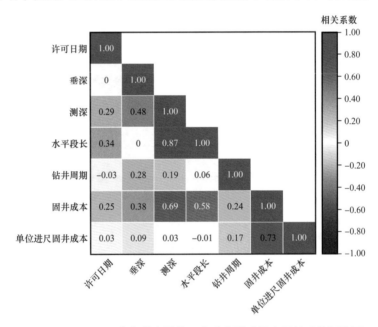

图 6-15　Barnett 页岩气藏水平井固井成本影响因素相关系数矩阵图

图 6-16 给出了 Barnett 页岩气藏水平井单井固井成本及单位进尺固井成本散点分布。单井固井成本统计 3377 口水平井分布范围为（6～39）万美元，平均单井固井成本 17 万美元，P25 单井固井成本 14 万美元、P50 单井固井成本 16 万美元、P75 单井固井成本 18 万美元、M50 单井固井成本 16 万美元。单位进尺固井成本统计 3359 口水平井分布范围 29～87 美元 /m，平均单位进尺固井成本 46 美元 /m，P25 单位进尺固井成本 41 美元 /m、P50 单位进尺固井成本 46 美元 /m、P75 单位进尺固井成本 47 美元 /m、M50 单位进尺固井成本 45 美元 /m。

图 6-17 给出了 Barnett 页岩气藏水平井单井固井成本分年度统计分布。水平井单井

固井成本统计显示，2016 年以前整体单井固井成本保持稳定，P50 单井固井成本稳定在
（14～16）万美元。2016 年统计样本水平井数量较少，统计结果缺乏一定对比性。2016 年
以后，单井水平井固井成本呈大幅增加趋势，P50 单井固井成本逐年增加至 2019 年的 28
万美元。2020 年单井固井成本统计样本井数偏少，统计结果缺乏一定对比性。单位进尺
固井成本变化趋势与单井固井成本相似，2016 年以前呈相对稳定分布，2016 年以后大幅
增加。2020 年，P50 单位进尺固井成本增加至 83 美元 /m。

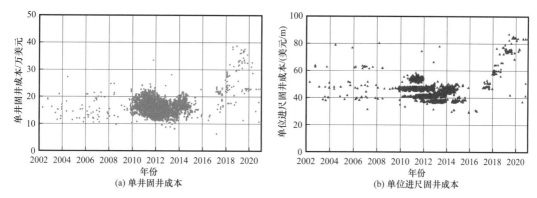

图 6-16　Barnett 页岩气藏水平井单井固井成本及单位进尺钻井成本散点图

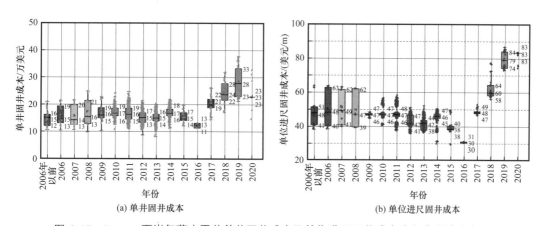

图 6-17　Barnett 页岩气藏水平井单井固井成本及单位进尺固井成本分年度统计分布图

　　图 6-18 给出了 Barnett 页岩气藏不同垂深范围水平井单位进尺固井成本统计分布，
总体上随垂深增加，水平井单位进尺固井成本呈增加趋势。垂深小于 2000m 水平井对应
P25 单位进尺固井成本 41 美元 /m、P50 单位进尺固井成本 45 美元 /m、P75 单位进尺固井
成本 47 美元 /m。垂深 2000～2200m 水平井对应 P25 单位进尺固井成本 41 美元 /m、P50
单位进尺固井成本 46 美元 /m、P75 单位进尺固井成本 47 美元 /m。垂深 2200～2400m 水
平井对应 P25 单位进尺固井成本 41 美元 /m、P50 单位进尺固井成本 46 美元 /m、P75 单
位进尺固井成本 47 美元 /m。垂深 2400～2600m 水平井对应 P25 单位进尺固井成本 43 美
元 /m、P50 单位进尺固井成本 47 美元 /m、P75 单位进尺固井成本 48 美元 /m。垂深超过

2600m 水平井对应 P25 单位进尺固井成本 38 美元 /m、P50 单位进尺固井成本 45 美元 /m、P75 单位进尺固井成本 47 美元 /m。

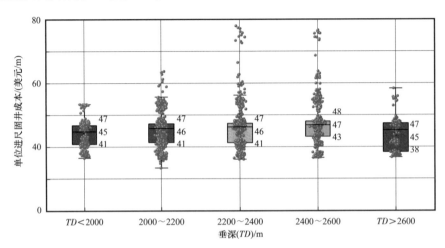

图 6-18　Barnett 页岩气藏不同垂深范围水平井单位进尺固井成本统计分布图

6.7　压裂成本及构成

随着页岩气开发的深入，常规的直井已经无法满足开发要求，水平井和水平井分段压裂技术目前已经成为北美页岩气藏有效开发的主体技术。水平井压裂技术分为水平井多级可钻式桥塞封隔分段压裂技术和水平井封隔器分段压裂技术。其中，水平井多级可钻式桥塞封隔分段压裂技术的主要特点是套管压裂、多段分簇射孔、可钻式桥塞（钻时小于分）封隔。水平井封隔器分段压裂技术，则包括水平井多级滑套封隔器分段压裂技术、水平井膨胀式封隔器分段压裂技术、水平井水力喷射分段压裂技术和水平井多井同步压裂技术类型。Barnett 页岩气藏开发初期采用直井开发，但生产效果并不理想，后期转向水平井分段压裂开发模式，产量大幅提升。

页岩气水平井压裂成本由水成本、支撑剂成本、泵送成本和其他成本构成。页岩气水平井压裂成本受区域地层复杂程度、完钻井深、水平段长、测深、水垂比、压裂段数、压裂液量、支撑剂量、平均段间距、用液强度、加砂强度、砂液比、施工作业模式等多重因素影响。除压裂成本外，本文引入百米段长压裂成本和单段压裂成本用于横向对比分析。图 6-19 给出了 Barnett 页岩气藏 46499 个数据项绘制的相关系数矩阵图。影响单井压裂成本的主要因素依次为压裂液量、用液强度、测深、压裂段数、水平段长、水垂比、支撑剂量和垂深等。影响百米段长压裂成本的主要因素依次为用液强度、压裂液量、加砂强度和垂深。影响单段压裂成本的主要因素依次为用液强度、压裂液量、平均段间距、加砂强度和垂深。

图 6-20 给出了 Barnett 页岩气藏水平井压裂成本及百米段长压裂成本，单井压裂成

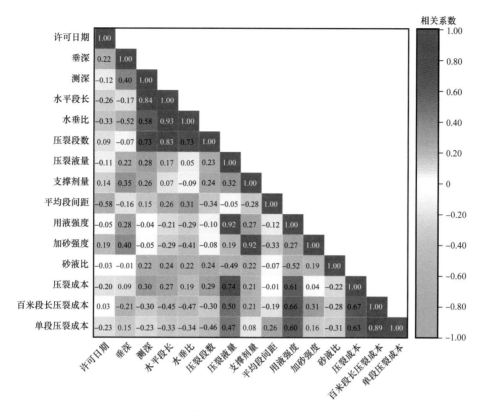

图 6-19 Barnett 页岩气藏水平井压裂成本影响因素相关系数矩阵图

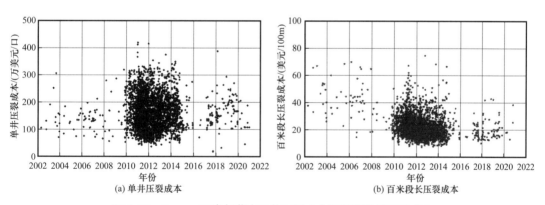

图 6-20 Barnett 页岩气藏水平井压裂成本及百米段长压裂成本

本统计样本水平井数 3377 口，单井压裂成本范围（19～422）万美元，平均单井压裂成本 164 万美元、P25 单井压裂成本 115 万美元、P50 单井压裂成本 160 万美元、P75 单井压裂成本 205 万美元、M50 单井压裂成本 159 万美元。百米段长压裂成本统计结果显示，统计样本水平井数 3307 口，百米段长压裂成本范围（8～75）万美元，平均百米段长压裂成本 23 万美元、P25 百米段长压裂成本 17 万美元、P50 百米段长压裂成本 21 万美元、P75 百米段长压裂成本 26 万美元、M50 百米段长压裂成本 21 万美元。单段压裂成本统计样本水平井 161 口，单段压裂成本范围（11～40）万美元、平均单段压裂成本 23 万美元、P25 单段压裂成本 17 万美元、P50 单段压裂成本 23 万美元、P75 单段压裂成本 28 万美元、M50 单段压裂成本 23 万美元。

图 6-21 给出了 Barnett 页岩气藏水平井单井压裂成本及百米段长压裂成本统计分布，单井压裂成本统计结果显示，单井压裂成本低于 50 万美元水平井 16 口，占比 0.5%。单井压裂成本（50～100）万美元水平井 552 口，占比 16.3%。单井压裂成本（100～150）万美元水平井 940 口，占比 27.8%。单井压裂成本（150～200）万美元水平井 952 口，占比 28.2%。单井压裂成本（200～250）万美元水平井 585 口，占比 17.3%。单井压裂成本（250～300）万美元水平井 240 口，占比 7.1%。单井压裂成本（300～350）万美元水平井 83 口，占比 2.5%。单井压裂成本（350～400）万美元水平井 6 口，占比 0.2%。单井压裂成本超过 400 万美元水平井 3 口，占比 0.1%。

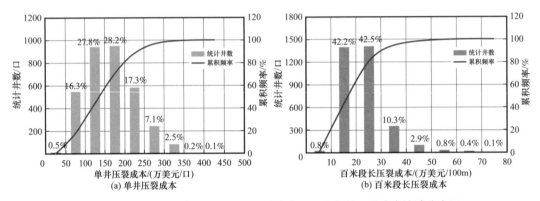

图 6-21　Barnett 页岩气藏水平井压裂成本及百米段长压裂成本统计分布图

百米段长压裂成本统计显示低于 10 万美元 /100m 水平井 26 口，占比 0.8%。百米段长压裂成本（10～20）万美元 /100m 水平井 1394 口，占比 42.2%。百米段长压裂成本（20～30）万美元 /100m 水平井 1406 口，占比 42.5%。百米段长压裂成本（30～40）万美元 /100m 水平井 342 口，占比 10.3%。百米段长压裂成本（40～50）万美元 /100m 水平井 97 口，占比 2.9%。百米段长压裂成本（50～60）万美元 /100m 水平井 27 口，占比 0.8%。百米段长压裂成本（60～70）万美元 /100m 水平井 13 口，占比 0.4%。百米段长压裂成本超过 70 万美元 /100m 水平井 2 口，占比 0.1%。Barnett 页岩气藏水平井百米段长压裂成本主体分布在（10～30）万美元区间。

图 6-22 给出了 Barnett 页岩气藏水平井压裂成本及百米段长压裂成本年度学习曲线。单井压裂成本年度学习曲线显示 2006 年以前统计水平井 26 口，平均单井成本 142 万美元、P25 单井压裂成本 109 万美元、P50 单井压裂成本 134 万美元、P75 单井压裂成本 159 万美元。2006 年统计水平井 18 口，平均单井成本 138 万美元、P25 单井压裂成本 131 万美元、P50 单井压裂成本 139 万美元、P75 单井压裂成本 150 万美元。2007 年统计水平井 14 口，平均单井成本 133 万美元、P25 单井压裂成本 98 万美元、P50 单井压裂成

本 138 万美元、P75 单井压裂成本 161 万美元。2008 年统计水平井 9 口，平均单井成本 146 万美元、P25 单井压裂成本 94 万美元、P50 单井压裂成本 131 万美元、P75 单井压裂成本 171 万美元。2009 年统计水平井 31 口，平均单井成本 182 万美元、P25 单井压裂成本 130 万美元、P50 单井压裂成本 189 万美元、P75 单井压裂成本 243 万美元。2010 年统计水平井 385 口，平均单井成本 175 万美元、P25 单井压裂成本 127 万美元、P50 单井压裂成本 171 万美元、P75 单井压裂成本 218 万美元。2011 年统计水平井 1164 口，平均单井成本 164 万美元、P25 单井压裂成本 110 万美元、P50 单井压裂成本 160 万美元、P75 单井压裂成本 206 万美元。2012 年统计水平井 734 口，平均单井成本 158 万美元、P25 单井压裂成本 103 万美元、P50 单井压裂成本 152 万美元、P75 单井压裂成本 204 万美元。2013 年统计水平井 509 口，平均单井压裂成本 168 万美元，P25 单井压裂成本 124

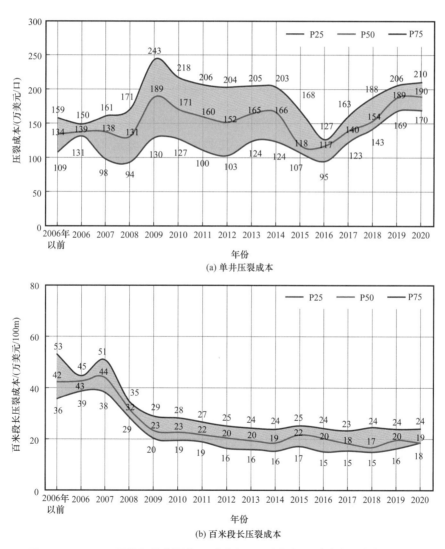

图 6-22　Barnett 页岩气藏水平井压裂成本及百米段长压裂成本年度学习曲线

万美元、P50 单井压裂成本 165 万美元、P75 单井压裂成本 205 万美元。2014 年统计水平井 307 口，平均单井成本 169 万美元，P35 单井压裂成本 124 万美元、P50 单井压裂成本 166 万美元、P75 单井压裂成本 203 万美元。2015 年统计水平井 31 口，平均单井成本 141 万美元、P25 单井压裂成本 107 万美元、P50 单井压裂成本 118 万美元、P75 单井压裂成本 168 万美元。2016 年统计水平井 3 口，平均单井成本 108 万美元、P25 单井压裂成本 95 万美元、P50 单井压裂成本 117 万美元、P75 单井压裂成本 127 万美元。2017 年统计水平井 38 口，平均单井成本 144 万美元、P25 单井压裂成本 123 万美元、P50 单井压裂成本 140 万美元、P75 单井压裂成本 163 万美元。2018 年统计水平井 37 口，平均单井成本 171 万美元、P25 单井压裂成本 143 万美元、P50 单井压裂成本 154 万美元、P75 单井压裂成本 188 万美元。2019 年统计水平井 47 口，平均单井成本 181 万美元、P25 单井压裂成本 169 万美元、P50 单井压裂成本 189 万美元、P75 单井压裂成本 206 万美元。2020 年统计水平井 24 口，平均单井成本 180 万美元、P25 单井压裂成本 170 万美元、P50 单井压裂成本 190 万美元、P75 单井压裂成本 210 万美元。

Barnett 页岩气藏百米段长压裂成本年度学习曲线显示水平井百米段长压裂成本总体呈逐年下降趋势。2009 年以前百米段长压裂成本快速下降，之后总体呈稳定小幅下降趋势。2006 年以前统计水平井 24 口，平均百米段长压裂成本 44 万美元 /100m、P25 百米段长压裂成本 36 万美元 /100m、P50 百米段长压裂成本 42 万美元 /100m、P75 百米段长压裂成本 53 万美元 /100m。2006 年统计水平井 18 口，平均百米段长压裂成本 42 万美元 /100m、P25 百米段长压裂成本 39 万美元 /100m、P50 百米段长压裂成本 43 万美元 /100m、P75 百米段长压裂成本 45 万美元 /100m。2007 年统计水平井 12 口，平均百米段长压裂成本 44 万美元 /100m、P25 百米段长压裂成本 38 万美元 /100m、P50 百米段长压裂成本 44 万美元 /100m、P75 百米段长压裂成本 51 万美元 /100m。2008 年统计水平井 6 口，平均百米段长压裂成本 31 万美元 /100m、P25 百米段长压裂成本 29 万美元 /100m、P50 百米段长压裂成本 32 万美元 /100m、P75 百米段长压裂成本 35 万美元 /100m。2009 年统计水平井 31 口，平均百米段长压裂成本 25 万美元 /100m、P25 百米段长压裂成本 20 万美元 /100m、P50 百米段长压裂成本 24 万美元 /100m、P75 百米段长压裂成本 29 万美元 /100m。2010 年统计水平井 383 口，平均百米段长压裂成本 24 万美元 /100m、P25 百米段长压裂成本 19 万美元 /100m、P50 百米段长压裂成本 23 万美元 /100m、P75 百米段长压裂成本 28 万美元 /100m。2011 年统计水平井 1163 口，平均百米段长压裂成本 23 万美元 /100m、P25 百米段长压裂成本 19 万美元 /100m、P50 百米段长压裂成本 22 万美元 /100m、P75 百米段长压裂成本 27 万美元 /100m。2012 年统计水平井 732 口，平均百米段长压裂成本 22 万美元 /100m、P25 百米段长压裂成本 16 万美元 /100m、P50 百米段长压裂成本 20 万美元 /100m、P75 百米段长压裂成本 25 万美元 /100m。2013 年统计水平井 509 口，平均百米段长压裂成本 21 万美元 /100m、P25 百米段长压裂成本 16 万美元 /100m、P50 百米段长压裂成本 20 万美元 /100m、P75 百米段长压裂成本 24 万美元 /100m。2014 年统计水平井 298 口，平均百米段长压裂成本 21 万美元 /100m、P25 百米段长压裂成本

16 万美元 /100m、P50 百米段长压裂成本 19 万美元 /100m、P75 百米段长压裂成本 24 万美元 /100m。2015 年统计水平井 30 口，平均百米段长压裂成本 22 万美元 /100m、P25 百米段长压裂成本 17 万美元 /100m、P50 百米段长压裂成本 22 万美元 /100m、P75 百米段长压裂成本 25 万美元 /100m。2016 年统计水平井 3 口，平均百米段长压裂成本 20 万美元 /100m、P25 百米段长压裂成本 15 万美元 /100m、P50 百米段长压裂成本 20 万美元 /100m、P75 百米段长压裂成本 24 万美元 /100m。2017 年统计水平井 35 口，平均百米段长压裂成本 19 万美元 /100m、P25 百米段长压裂成本 15 万美元 /100m、P50 百米段长压裂成本 18 万美元 /100m、P75 百米段长压裂成本 23 万美元 /100m。2018 年统计水平井 30 口，平均百米段长压裂成本 20 万美元 /100m、P25 百米段长压裂成本 15 万美元 /100m、P50 百米段长压裂成本 17 万美元 /100m、P75 百米段长压裂成本 24 万美元 /100m。2019 年统计水平井 27 口，平均百米段长压裂成本 21 万美元 /100m、P25 百米段长压裂成本 16 万美元 /100m、P50 百米段长压裂成本 20 万美元 /100m、P75 百米段长压裂成本 24 万美元 /100m。2020 年统计水平井 6 口，平均百米段长压裂成本 22 万美元 /100m、P25 百米段长压裂成本 19 万美元 /100m、P50 百米段长压裂成本 19 万美元 /100m、P75 百米段长压裂成本 24 万美元 /100m。近五年，Barnett 页岩气藏水平井百米段长压裂成本总体呈稳定变化趋势，P50 百米段长压裂成本分布在（17～20）万美元 /100m，2020 年 P50 百米段长压裂成本为 19 万美元。

图 6-23 给出了 Barnett 页岩气藏水平井压裂成本构成和平均压裂成本构成。利用所有水平井成本构成统计显示，水平井分段压裂成本中水成本平均占比 30.5%、支撑剂成本平均占比 15.4%、泵送成本平均占比 41.0%、其他成本平均占比 13.1%。随水平段长和压裂规模持续增加，泵送成本和水成本在压裂成本中总体占比较高。

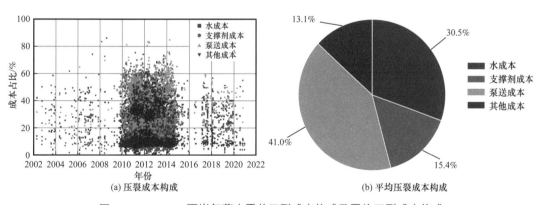

图 6-23　Barnett 页岩气藏水平井压裂成本构成及平均压裂成本构成

图 6-24 给出了 Barnett 页岩气藏不同年度水平井压裂成本构成，总体变化趋势为水成本、支撑剂成本和泵送成本占比逐年增加，其他成本占比逐年下降。由于水平段长和压裂规模强度逐年增加，水平井压裂用液量、支撑剂量和用水量随之增加，压裂水成本、支撑剂成本和泵送成本显著增加。压裂水成本占比由初期 27% 增加至目前的 33% 左右，

支撑剂成本由初期占比 11% 增加至目前的 21%，泵送成本占比由初期 26% 增加至目前的 36%，其他成本由初期占比 37% 下降至目前的 10% 左右。

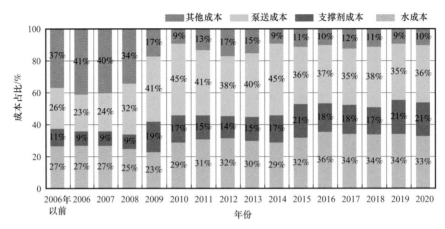

图 6-24　Barnett 页岩气藏不同年度水平井压裂成本构成

6.7.1　压裂水成本

　　滑溜水压裂液技术是目前美国页岩气开发作业中应用最多的压裂液技术。相对于传统的凝胶压裂液体系，滑溜水压裂液体系以其高效、低成本的特点在页岩气开发中广泛应用。降阻剂作为滑溜水压裂液体系的核心助剂，直接决定了滑溜水压裂液体系的性能与应用。水是滑溜水压裂液的主要组成部分，因此压裂液水成本也是页岩气水平井压裂成本的重要组成部分。为了便于横向对比分析，本节引入单位压裂液量用水成本标准指标用于不同区块或气藏间进行横向对比分析。

　　水平井压裂水成本主要受压裂规模强度影响，图 6-25 给出了 Barnett 页岩气藏水平井压裂水成本影响因素相关系数矩阵图。相关系数矩阵图显示，水平井压裂水成本主要影响因素包括压裂液量、用液强度、测深、垂深、加砂强度和水平段长等因素。单位压裂液量水成本主要相关因素包括许可日期、垂深、压裂段数、加砂强度、用液强度等。单位压裂液量水成本与许可日期呈强相关性，表明压裂用水单位成本逐年增加。

　　图 6-26 给出了 Barnett 页岩气藏水平井压裂水成本和单位压裂液量水成本散点分布，单井压裂水成本统计样本水平井 2617 口，单井压裂水成本范围为（0.9~172.5）万美元／口，平均单井压裂水成本 43.1 万美元／口、P25 单井压裂水成本 31.0 万美元／口、P50 单井压裂水成本 41.3 万美元／口、P75 单井压裂水成本 52.4 万美元／口、M50 单井压裂水成本 41.2 万美元／口。单位压裂液量水成本统计样本水平井 2617 口，单位压裂液量水成本范围为 17.6~26.8 美元／m³，平均单位压裂液量水成本 25.1 美元／m³、P25 单位压裂液量水成本 24.6 美元／m³、P50 单位压裂液量水成本 25.2 美元／m³、P75 单位压裂液量水成本 26.0 美元／m³、M50 单位压裂液量水成本 25.2 美元／m³。

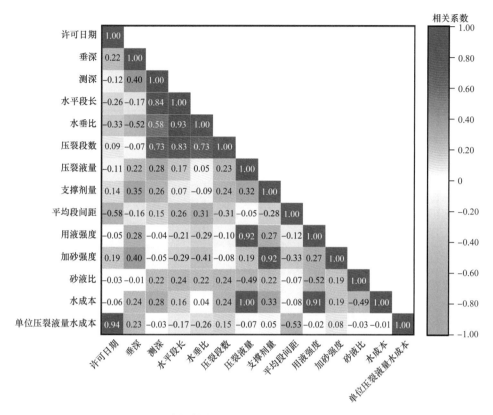

图 6-25　Barnett 页岩气藏水平井压裂水成本影响因素相关系数矩阵图

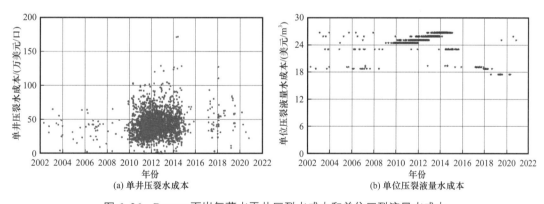

(a) 单井压裂水成本　　　　　　　　　　(b) 单位压裂液量水成本

图 6-26　Barnett 页岩气藏水平井压裂水成本和单位压裂液量水成本

图 6-27 给出了 Barnett 页岩气藏水平井压裂水成本和单位压裂液量水成本统计分布。单井压裂水成本统计显示，单井压裂水成本低于 20 万美元 / 口统计水平井 138 口，占比 5.2%。单井压裂水成本（20～30）万美元 / 口统计水平井 458 口，占比 17.5%。单井压裂水成本（30～40）万美元 / 口统计水平井 627 口，占比 24.0%。单井压裂水成本（40～50）万美元 / 口统计水平井 629 口，占比 24.0%。单井压裂水成本（50～60）万美元 / 口统计水平井 392 口，占比 15.0%。单井压裂水成本超过 60 万美元 / 口统计水平井

373 口，占比 14.3%。单井压裂水成本主体分布在（20～60）万美元区间。单位压裂液量水成本统计分布显示，Barnett 页岩气藏水平井单位压裂液量水成本分布区间相对集中，主体分布在 24～27 美元 /m³，该区间统计水平井数占比高达 93.6%。单位压裂液量水成本分布稳定，表明该地区单位水成本总体呈稳定趋势。

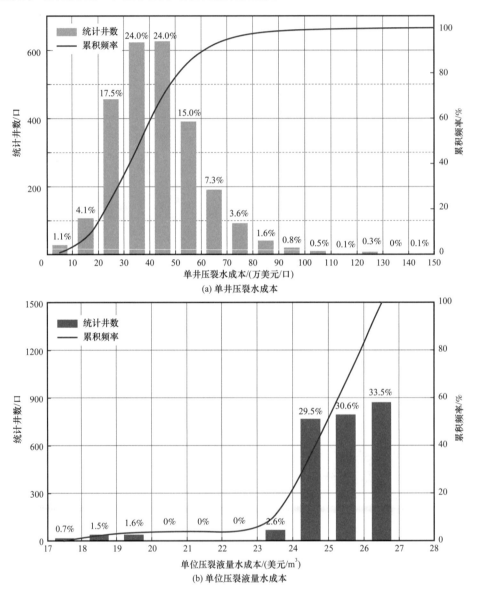

图 6-27　Barnett 页岩气藏水平井压裂水成本和单位压裂液量水成本统计分布图

6.7.2　压裂支撑剂成本

支撑剂又称为压裂支撑剂。在石油天然气开采时，高闭合压力低渗透性矿床经压裂处理后，使含油气岩层裂开，油气从裂缝形成的通道中汇集而出，为保持压裂后形成的裂缝开启，油气产物能顺畅通过，用石油支撑剂随同高压溶液进入地层充填在岩层裂隙中，起到支撑裂隙的作用，从而保持高导流能力，使油气畅通，增加产量。页岩气水平井大规模水力压裂措施中，支撑剂成本是压裂成本中的重要部分。本节引入单位支撑剂量成本参数用于横向对比分析。

图 6-28 给出了 Barnett 页岩气藏水平井压裂支撑剂及单位支撑剂量成本影响因素相关系数矩阵图。相关系数矩阵图显示，支撑剂成本直接与支撑剂量和加砂强度相关。除此之外，支撑剂成本与垂深、压裂液量、用液强度、测深和压裂段数等参数存在一定相关性。单位支撑剂成本与日期呈强相关性。

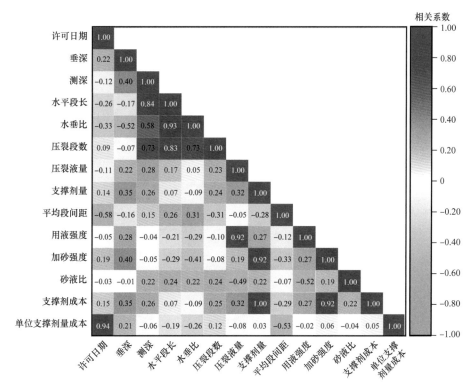

图 6-28 Barnett 页岩气藏水平井压裂支撑剂成本影响因素相关系数矩阵图

图 6-29 给出了 Barnett 页岩气藏水平井单井支撑剂成本及单位支撑剂量成本散点分布。Barnett 页岩气藏水平井单井压裂支撑剂成本统计样本水平井 1180 口，单井压裂支撑剂成本范围为（1.0～18.6）万美元/口，平均单井压裂支撑剂成本 22.2 万美元/口，P25 单井压裂支撑剂成本 15.0 万美元/口、P50 单井压裂支撑剂成本 22.1 万美元/口、P50 单井压裂支撑剂成本 28.7 万美元/口、M50 单井压裂支撑剂成本 22.1 万美元/口。单位支撑剂量成本统计样本水平井 1180 口，单位支撑剂量成本范围为 119.7～126.0 美元/t，平均单位支撑剂量成本 123.6 美元/t，P25 单位支撑剂量成本 122.4 美元/t、P50 单位支撑剂量成本 124.2 美元/t、P75 单位支撑剂量成本 125.4 美元/t、M50 单位支撑剂量成本 123.8 美元/t。

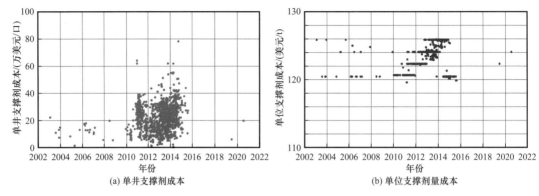

图 6-29 Barnett 页岩气藏水平井单井支撑剂成本及单位支撑剂量成本散点图

图 6-30 给出了 Barnett 页岩气藏水平井单井支撑剂成本及单位支撑剂量成本统计分布图。单井压裂支撑剂成本低于 10 万美元 / 口统计水平井 141 口，占比 11.9%。单井压裂支撑剂成本（10～20）万美元统计水平井 362 口，占比 30.7%。单井压裂支撑剂成本（20～30）万美元统计水平井 432 口，占比 36.6%。单井压裂支撑剂成本（30～40）万美元统计水平井 209 口，占比 17.7%。单井压裂支撑剂成本超过 40 万美元统计水平井 36口，占比 3.1%。单位支撑剂量成本统计结果显示总体分布集中，单位支撑剂量成本集中分布在 119～126 美元 /t。

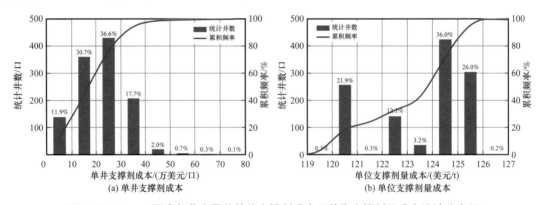

图 6-30 Barnett 页岩气藏水平井单井支撑剂成本及单位支撑剂量成本统计分布图

6.7.3 压裂泵送成本

水平井压裂泵送成本主要反映压裂液体和支撑剂由井口高压泵送至储层过程中需要的成本。图 6-31 给出了 Barnett 页岩气藏水平井压裂泵送成本影响因素相关系数矩阵图。单井压裂泵送成本主要影响因素包括压裂液量、水平段长、用液强度、水垂比和测深等。单位压裂液量泵送成本主要受砂液比影响，其次为水垂比、水平段长、压裂段数和测深等。

图 6-32 给出了 Barnett 页岩气藏水平井压裂泵送成本及单位压裂液量泵送成本散点分布。单井压裂泵送成本统计样本水平井 2617 口，单井压裂泵送成本范围为（6.7～177.8）万美元 / 口，平均单井压裂泵送成本 62.3 万美元 / 口，P25 单井压裂泵送成本 37.3 万美元 / 口、

P50 单井压裂泵送成本 57.7 万美元 / 口、P75 单井压裂泵送成本 83.4 万美元 / 口、M50 单井压裂泵送成本 58.9 万美元 / 口。单井压裂泵送成本与压裂液量强相关，引入单位压裂液量泵送成本指标进行横向对比分析。单位压裂液量泵送成本统计样本水平井 2604 口，单位压裂液量泵送成本范围为 2.4～176.7 美元 /m³，平均单位压裂液量泵送成本 38.6 美元 /m³，P25 单位压裂液量泵送成本 26.6 美元 /m³、P50 单位压裂液量泵送成本 34.8 美元 /m³、P75 单位压裂液量泵送成本 47.4 美元 /m³、M50 单位压裂液量泵送成本 35.9 美元 /m³。

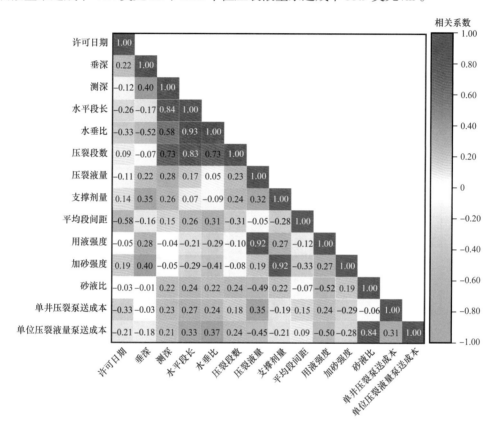

图 6-31　Barnett 页岩气藏水平井压裂泵送成本影响因素相关系数矩阵图

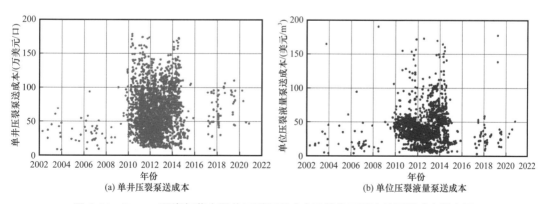

图 6-32　Barnett 页岩气藏水平井压裂泵送成本及单位压裂液量泵送成本散点图

图 6-33 给出了 Barnett 页岩气藏水平井压裂泵送成本及单位压裂液量泵送成本统计分布。单井压裂泵送成本低于 10 万美元 / 口统计水平井 14 口，占比 0.5%。单井压裂泵送成本（10~20）万美元 / 口统计水平井 189 口，占比 7.2%。单井压裂泵送成本（20~30）万美元 / 口统计水平井 253 口，占比 9.7%。单井压裂泵送成本（30~40）万美元 / 口统计水平井 281 口，占比 10.7%。单井压裂泵送成本（40~50）万美元 / 口统计水平井330 口，占比 12.7%。单井压裂泵送成本（50~60）万美元 / 口统计水平井 302 口，占比11.5%。单井压裂泵送成本（60~70）万美元 / 口统计水平井 264 口，占比 10.1%。单井压裂泵送成本（70~80）万美元 / 口统计水平井 243 口，占比 9.3%。单井压裂泵送成本

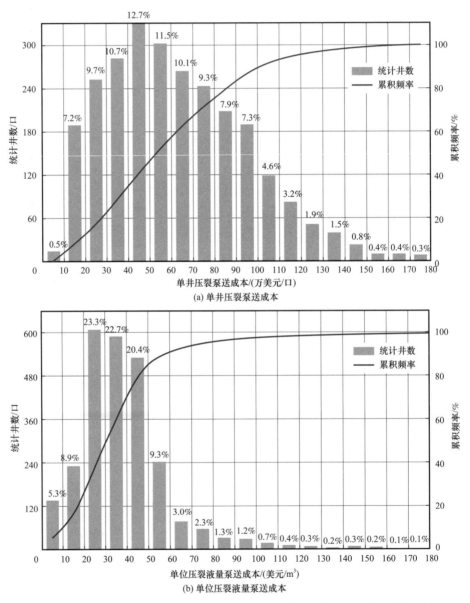

(a) 单井压裂泵送成本

(b) 单位压裂液量泵送成本

图 6-33 Barnett 页岩气藏水平井压裂泵送成本及单位压裂液量泵送成本统计分布图

（80～90）万美元 / 口统计水平井 208 口，占比 7.9%。单井压裂泵送成本（90～100）万美元 / 口统计水平井 190 口，占比 7.3%。单井压裂泵送成本超过 100 万美元 / 口统计水平井 343 口，占比 13.1%。单井压裂泵送成本与压裂液量强相关，整体分布范围较广，主体分布在（10～100）万美元 / 口区间。

单位压裂液量泵送成本统计显示，单位压裂液量泵送成本低于 10 美元 /m³ 统计水平井 138 口，占比 5.3%。单位压裂液量泵送成本 10～20 美元 /m³ 统计水平井 231 口，占比 8.9%。单位压裂液量泵送成本 20～30 美元 /m³ 统计水平井 608 口，占比 23.3%。单位压裂液量泵送成本 30～40 美元 /m³ 统计水平井 591 口，占比 22.7%。单位压裂液量泵送成本 40～50 美元 /m³ 统计水平井 531 口，占比 20.4%。单位压裂液量泵送成本 50～60 美元 /m³ 统计水平井 241 口，占比 9.3%。单位压裂液量泵送成本超过 60 美元 /m³ 统计水平井 264 口，占比 10.1%。单位压裂液量泵送成本主体分布在 20～50 美元 /m³ 区间。

6.7.4　其他成本

压裂其他成本主要指除水成本、支撑剂成本和泵送成本以外产生的成本。图 6-34 给出了 Barnett 页岩气藏水平井压裂其他成本影响因素相关系数矩阵图。相关性分析显示水平井单井压裂其他成本主要与支撑剂量、压裂液量、许可日期、压裂段数、用液强度存在一定相关性。单井压裂其他成本并未表现出与某一项指标强相关，故无法引入标准指标进行横向对比分析。

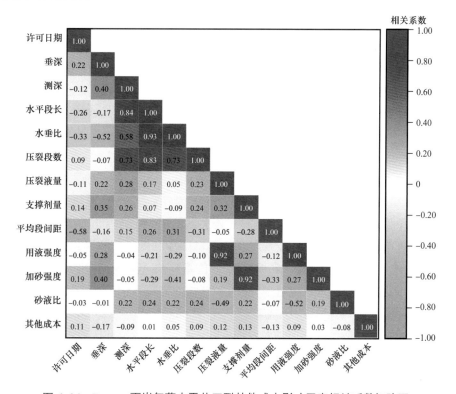

图 6-34　Barnett 页岩气藏水平井压裂其他成本影响因素相关系数矩阵图

图 6-35 给出了 Barnett 页岩气藏水平井单井压裂其他成本散点分布。统计压裂其他成本样本水平井 3377 口，单井压裂其他成本范围（0.7～234.8）万美元 / 口，平均单井压裂其他成本 29.2 万美元 / 口，P25 单井压裂其他成本 11.1 万美元 / 口、P50 单井压裂其他成本 14.8 万美元 / 口、P75 单井压裂其他成本 57.6 万美元 / 口、M50 单井压裂其他成本 18.1 万美元 / 口。

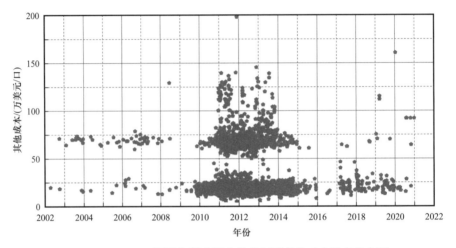

图 6-35　Barnett 页岩气藏水平井单井压裂其他成本散点分布图

6.8　单位钻压成本产油当量

单井钻完井和压裂成本是页岩气藏开发成本的主体部分，因此引入单位钻压成本产气量和单位钻压成本产油当量指标作为衡量开发效益的经济指标。单位钻压成本产气量是指单位钻压成本对应的最终产气量，是气井 EUR 与钻压成本的比值。单位钻压成本产油当量即为单井最终可采油当量与钻压成本的比值。由于 Barnett 页岩气藏同时采出页岩油和页岩气，因次引入两个指标作为经济指标进行横向对比分析。

单位钻压成本产气量和单位钻压成本产油当量作为重要的经济评价指标，直接受钻完井、压裂、生产及成本等众多因素影响。图 6-36 为 Barnett 页岩气藏水平井单位钻压成本产气量及单位钻压成本产油当量影响因素相关系数矩阵图。单位钻压成本产气量和单位钻压成本产油当量主要与垂深、支撑剂量、加砂强度、测深等因素相关。

图 6-37 给出了 Barnett 页岩气藏单位钻压成本产气量与单位钻压成本产油当量散点分布。单位钻压成本产气量统计样本水平井 3267 口，单位钻压成本产气量范围为 0.1～131.8m³/ 美元，平均单位钻压成本产气量 25.2m³/ 美元，P25 单位钻压成本产气量 11.6m³/ 美元、P50 单位钻压成本产气量 22.1m³/ 美元、P75 单位钻压成本产气量 35.9m³/ 美元、M50 单位钻压成本产气量 22.7m³/ 美元。单位钻压成本产油当量统计样本水平井 3269 口，单位钻压成本产油当量范围为（2～1148）t/ 万美元，平均单位钻压成本产油当量

220t/ 万美元，P25 单位钻压成本产油当量 103t/ 万美元、P50 单位钻压成本产油当量 193t/ 万美元、P75 单位钻压成本产油当量 313t/ 万美元、M50 单位钻压成本产油当量 198t/ 万美元。

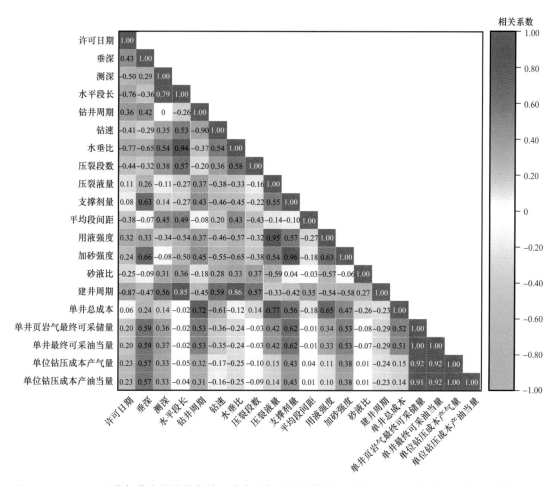

图 6-36　Barnett 页岩气藏水平井单位钻压成本产气量及单位钻压成本产油当量影响因素相关系数矩阵图

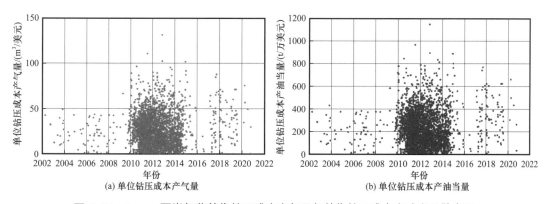

图 6-37　Barnett 页岩气藏单位钻压成本产气量与单位钻压成本产油当量散点图

图 6-38 给出了 Barnett 页岩气藏单位钻压成本产气量与单位钻压成本产油当量统计分布图。单位钻压成本产气量统计分布显示,单位钻压成本产气量低于 10m³/ 美元统计水平井 689 口,占比 21.1%。单位钻压成本产气量 10~20m³/ 美元统计水平井 795 口,占比 24.3%。单位钻压成本产气量 20~30m³/ 美元统计水平井 641 口,占比 19.6%。单位钻压成本产气量 30~40m³/ 美元统计水平井 528 口,占比 16.2%。单位钻压成本产气量 40~50m³/ 美元统计水平井 339 口,占比 10.4%。单位钻压成本产气量超过 50m³/ 美元统计水平井 275 口,占比 8.4%。单位钻压成本产气量主体分布在 0~50m³/ 美元区间。

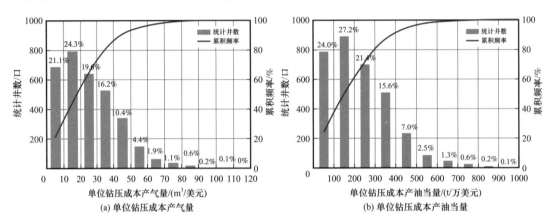

图 6-38　Barnett 页岩气藏单位钻压成本产气量与单位钻压成本产油当量统计分布图

单位钻压成本产油当量统计分布显示,单位钻压成本产油当量低于 100t/ 万美元统计水平井 786 口,占比 24.0%。单位钻压成本产油当量 100~200t/ 万美元统计水平井 890 口,占比 27.2%。单位钻压成本产油当量 200~300t/ 万美元统计水平井 700 口,占比 21.4%。单位钻压成本产油当量 300~400t/ 万美元统计水平井 509 口,占比 15.6%。单位钻压成本产油当量 400~500t/ 万美元统计水平井 230 口,占比 7.0%。单位钻压成本产油当量超过 500t/ 万美元统计水平井 154 口,占比 4.7%。单位钻压成本产油当量主体分布在 0~500t/ 万美元区间。

图 6-39 给出了 Barnett 页岩气藏水平井单位钻压成本产气量与单位钻压成本产油当量年度学习曲线。单位钻压成本产气量年度学习曲线显示,2006 年以前统计水平井 26 口,平均单位钻压成本产气量 23.1m³/ 美元,P25 单位钻压成本产气量 12.3m³/ 美元,P50 单位钻压成本产气量 22.8m³/ 美元,P75 单位钻压成本产气量 32.3m³/ 美元。2006 年统计水平井 18 口,平均单位钻压成本产气量 23.1m³/ 美元,P25 单位钻压成本产气量 14.3m³/ 美元,P50 单位钻压成本产气量 22.7m³/ 美元,P75 单位钻压成本产气量 32.5m³/ 美元。2007 年统计水平井 14 口,平均单位钻压成本产气量 20.0m³/ 美元,P25 单位钻压成本产气量 8.8 m³/ 美元,P50 单位钻压成本产气量 19.6m³/ 美元,P75 单位钻压成本产气量 26.6m³/ 美元。2008 年统计水平井 9 口,平均单位钻压成本产气量 27.1m³/ 美元,P25 单位钻压成本产气量 15.8m³/ 美元,P50 单位钻压成本产气量 29.1m³/ 美元,P75 单位钻压成本产气量 34.2

m³/美元。2009 年统计水平井 31 口，平均单位钻压成本产气量 29.7m³/美元，P25 单位钻压成本产气量 26.2m³/美元，P50 单位钻压成本产气量 29.1m³/美元，P75 单位钻压成本产气量 34.1m³/美元。2010 年统计水平井 381 口，平均单位钻压成本产气量 28.8m³/美元，P25 单位钻压成本产气量 17.4m³/美元，P50 单位钻压成本产气量 26.9m³/美元，P75 单位钻压成本产气量 36.6m³/美元。2011 年统计水平井 1144 口，平均单位钻压成本产气量 23.9m³/美元，P25 单位钻压成本产气量 11.6m³/美元，P50 单位钻压成本产气量 22.1m³/美元，P75 单位钻压成本产气量 34.7m³/美元。2012 年统计水平井 724 口，平均单位钻压成本产气量 25.3m³/美元，P25 单位钻压成本产气量 10.7m³/美元，P50 单位钻压成本产气量 20.8m³/美元，P75 单位钻压成本产气量 36.7m³/美元。2013 年统计水平井 504 口，平均单位钻压成本产气量 23.2m³/美元，P25 单位钻压成本产气量 9.1m³/美元，P50 单位钻压成本产气量 17.9m³/美元，P75 单位钻压成本产气量 34.4m³/美元。2014 年统计水平井 288 口，平均单位钻压成本产气量 23.7m³/美元，P25 单位钻压成本产气量 10.0m³/美元，P50 单位钻压成本产气量 20.2m³/美元，P75 单位钻压成本产气量 33.6m³/美元。2015 年统计水平井 30 口，平均单位钻压成本产气量 34.7m³/美元，P25 单位钻压成本产气量 17.0m³/美元，P50 单位钻压成本产气量 27.4m³/美元，P75 单位钻压成本产气量 50.3m³/美元。2016 年统计水平井 3 口，平均单位钻压成本产气量 36.1m³/美元，P25 单位钻压成本产气量 17.8m³/美元，P50 单位钻压成本产气量 30.8m³/美元，P75 单位钻压成本产气量 51.3m³/美元。2017 年统计水平井 34 口，平均单位钻压成本产气量 37.4m³/美元，P25 单位钻压成本产气量 18.6m³/美元，P50 单位钻压成本产气量 34.1m³/美元，P75 单位钻压成本产气量 52.2m³/美元。2018 年统计水平井 30 口，平均单位钻压成本产气量 37.4m³/美元，P25 单位钻压成本产气量 22.0m³/美元，P50 单位钻压成本产气量 35.7m³/美元，P75 单位钻压成本产气量 55.3m³/美元。2019 年统计水平井 25 口，平均单位钻压成本产气量 35.8m³/美元，P25 单位钻压成本产气量 20.6m³/美元，P50 单位钻压成本产气量 38.1m³/美元，P75 单位钻压成本产气量 47.8m³/美元。2020 年统计水平井 6 口，平均单位钻压成本产气量 41.1m³/美元，P25 单位钻压成本产气量 30.9m³/美元，P50 单位钻压成本产气量 42.1m³/美元，P75 单位钻压成本产气量 55.2m³/美元。

单位钻压成本产油当量年度学习曲线显示，2006 年以前统计水平井 26 口，平均单位钻压成本产油当量 202t/万美元，P25 单位钻压成本产油当量 109t/万美元，P50 单位钻压成本产油当量 198t/万美元，P75 单位钻压成本产油当量 281t/万美元。2006 年统计水平井 18 口，平均单位钻压成本产油当量 203t/万美元，P25 单位钻压成本产油当量 125t/万美元，P50 单位钻压成本产油当量 198t/万美元，P75 单位钻压成本产油当量 283t/万美元。2007 年统计水平井 14 口，平均单位钻压成本产油当量 174t/万美元，P25 单位钻压成本产油当量 80t/万美元，P50 单位钻压成本产油当量 171t/万美元，P75 单位钻压成本产油当量 231t/万美元。2008 年统计水平井 9 口，平均单位钻压成本产油当量 236t/万美元，P25 单位钻压成本产油当量 138t/万美元，P50 单位钻压成本产油当量 254t/万美元，

P75 单位钻压成本产油当量 298t/ 万美元。2009 年统计水平井 31 口，平均单位钻压成本产油当量 259t/ 万美元，P25 单位钻压成本产油当量 228t/ 万美元，P50 单位钻压成本产油当量 253t/ 万美元，P75 单位钻压成本产油当量 297t/ 万美元。2010 年统计水平井 381 口，平均单位钻压成本产油当量 251t/ 万美元，P25 单位钻压成本产油当量 151t/ 万美元，P50 单位钻压成本产油当量 234 万美元，P75 单位钻压成本产油当量 319t/ 万美元。2011 年统计水平井 1144 口，平均单位钻压成本产油当量 209t/ 万美元，P25 单位钻压成本产油当量 103t/ 万美元，P50 单位钻压成本产油当量 193 万美元，P75 单位钻压成本产油当量 302t/ 万美元。2012 年统计水平井 725 口，平均单位钻压成本产油当量 221t/ 万美元，P25 单位钻压成本产油当量 97t/ 万美元，P50 单位钻压成本产油当量 181t/ 万美元，P75 单位

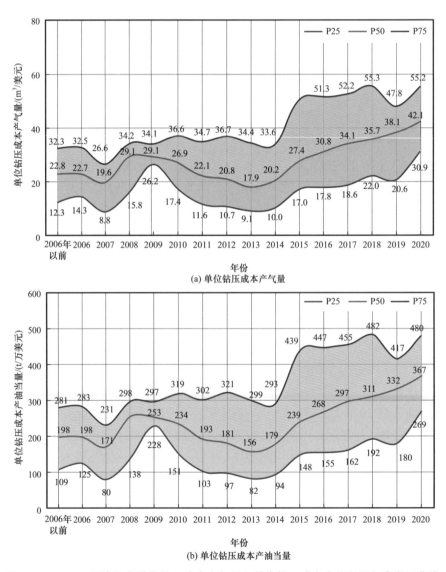

图 6-39　Barnett 页岩气藏单位钻压成本产气量与单位钻压成本产油当量年度学习曲线

钻压成本产油当量 321t/ 万美元。2013 年统计水平井 505 口，平均单位钻压成本产油当量 203t/ 万美元，P25 单位钻压成本产油当量 82t/ 万美元，P50 单位钻压成本产油当量 156t/ 万美元，P75 单位钻压成本产油当量 299t/ 万美元。2014 年统计水平井 288 口，平均单位钻压成本产油当量 208t/ 万美元，P25 单位钻压成本产油当量 94t/ 万美元，P50 单位钻压成本产油当量 179t/ 万美元，P75 单位钻压成本产油当量 293t/ 万美元。2015 年统计水平井 30 口，平均单位钻压成本产油当量 303t/ 万美元，P25 单位钻压成本产油当量 148t/ 万美元，P50 单位钻压成本产油当量 239t/ 万美元，P75 单位钻压成本产油当量 439t/ 万美元。2016 年统计水平井 3 口，平均单位钻压成本产油当量 314t/ 万美元，P25 单位钻压成本产油当量 155t/ 万美元，P50 单位钻压成本产油当量 268t/ 万美元，P75 单位钻压成本产油当量 447t/ 万美元。2017 年统计水平井 34 口，平均单位钻压成本产油当量 326t/ 万美元，P25 单位钻压成本产油当量 162t/ 万美元，P50 单位钻压成本产油当量 297t/ 万美元，P75 单位钻压成本产油当量 455t/ 万美元。2018 年统计水平井 30 口，平均单位钻压成本产油当量 326t/ 万美元，P25 单位钻压成本产油当量 192t/ 万美元，P50 单位钻压成本产油当量 311t/ 万美元，P75 单位钻压成本产油当量 482t/ 万美元。2019 年统计水平井 25 口，平均单位钻压成本产油当量 313t/ 万美元，P25 单位钻压成本产油当量 180t/ 万美元，P50 单位钻压成本产油当量 332t/ 万美元，P75 单位钻压成本产油当量 417t/ 万美元。2020 年统计水平井 6 口，平均单位钻压成本产油当量 363t/ 万美元，P25 单位钻压成本产油当量 269t/ 万美元，P50 单位钻压成本产油当量 367t/ 万美元，P75 单位钻压成本产油当量 480t/ 万美元。

图 6-40 给出了页岩气藏不同垂深水平井单位钻压成本产气量与单位钻压成本产油当量统计曲线。相关性分析显示单位钻压成本产气量和单位钻压成本产油当量与垂深存在强相关性。垂深小于 1600m 统计水平井 14 口，平均单位钻压成本产气量为 15.3m³/ 美元，平均单位钻压成本产油当量为 137t/ 万美元。垂深 1600～1800m 区间统计水平井 40 口，平均单位钻压成本产气量为 22.0m³/ 美元，平均单位钻压成本产油当量为 192t/ 万美元。垂深 1800～2000m 区间统计水平井 360 口，平均单位钻压成本产气量为 19.0m³/ 美元，平均单位钻压成本产油当量为 166t/ 万美元。垂深 2000～2200m 区间统计水平井 1222 口，平均单位钻压成本产气量为 21.5m³/ 美元，平均单位钻压成本产油当量为 189t/ 万美元。垂深 2200～2400m 区间统计水平井 801 口，平均单位钻压成本产气量为 29.6m³/ 美元，平均单位钻压成本产油当量为 258t/ 万美元。垂深 2400～2600m 区间统计水平井 620 口，平均单位钻压成本产气量为 21.3m³/ 美元，平均单位钻压成本产油当量为 186t/ 万美元。垂深 2600～2800m 区间统计水平井 198 口，平均单位钻压成本产气量为 18.6m³/ 美元，平均单位钻压成本产油当量为 162t/ 万美元。垂深 2800～3000m 区间统计水平井 8 口，平均单位钻压成本产气量为 23.5m³/ 美元，平均单位钻压成本产油当量为 205t/ 万美元。综合单位钻压成本产气量与单位钻压成本产油当量，峰值对应垂深范围 2200～2400m，该垂深区域水平井具备最高的经济效益。

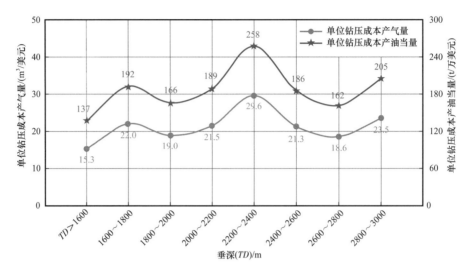

图 6-40 Barnett 页岩气藏不同垂深水平井单位钻压成本产气量与单位钻压成本产油当量统计曲线

6.9 本章小结

　　本章简要叙述了 Barnett 页岩气藏开发成本构成及降低成本措施，重点针对水平井钻完井及压裂成本进行了分析。页岩气水平井钻井及压裂成本主要受区域地质条件、井身结构参数、分段压裂规模及强度等多重因素影响。Barnett 页岩气藏水平井钻压成本主要影响因素依次为压裂液量、钻井周期、测深和压裂段数、支撑剂量、水平段长、垂深。受日费制钻井模式影响，钻井成本直接与钻井周期相关。影响钻井成本的主要因素依次为钻井周期、测深、水平段长、垂深和许可日期，其中许可日期钻井成本随市场的变化而变化。固井成本主要受测深和水平段长影响。水成本直接与压裂液量相关，影响水成本因素依次为压裂液量、支撑剂量、钻井周期、测深、垂深和水平段长。支撑剂成本直接和支撑剂用量相关。泵送成本主要受压裂液量、水平段长和测深影响。其他成本主要受钻井周期、支撑剂量、压裂液量、许可日期和测深影响。

第7章 开发技术政策

自页岩油气资源实现商业化开发以来，各个已开发区块一直在探索合理开发技术政策以实现高效开发。页岩气藏开发技术政策包括井型、布井模式、靶体位置、水平井眼轨迹方位、水平段长、井距、段间距、簇间距、加砂强度、用液强度等。合理开发技术政策不仅能够实现具体页岩气藏的高效开发，也能够为其他页岩气藏开发提供参考依据。本章针对 Barnett 深层页岩气藏历年投产页岩气水平井进行统计分析，重点评价垂深、水平段长和加砂强度等因素对气井开发效果的影响，为其他页岩气藏开发提供参考。

引入百米段长产油当量和单位钻压成本产油当量分别作为水平井开发效果评价的技术指标和经济指标，综合技术指标和经济指标定量描述不同开发技术政策条件下的水平井开发效果。受限于统计水平井的地质指标，近似认为分析气井具备相似的地质特征。地质指标中垂深是影响气井开发效果的重要参数。随垂深增加，相同保存条件（地层压力系数）下地层绝对压力呈线性增加，游离气呈近似线性增加，吸附气量也呈增加趋势。

图 7-1 给出了 Barnett 页岩气藏水平井综合开发效果影响因素相关系数矩阵图。相关系数矩阵图考虑影响因素包括许可日期、垂深、测深、水平段长、钻井周期、压裂段数、压裂液量、支撑剂量、单井总成本、水垂比、平均段间距、用液强度、加砂强度、建井周期、百米段长产油当量和单位钻压成本产油当量。许可日期反映了综合技术进步情况。百米段长产油当量（技术指标）主要影响因素包括加砂强度、用液强度和垂深。单位钻压成本产油当量（经济指标）主要影响因素包括垂深、测深、水平段长、水垂比和平均段间距。根据水平井综合开发效果影响因素相关系数矩阵图，综合选取垂深、加砂强度、用液强度等关键因素进行不同维度合理开发技术政策分析。

7.1 垂深

垂深是页岩油气藏开发的关键指标之一，不同于常规油气藏，目前页岩油气藏通常以 2000m 和 3500m 为垂深界限划分为浅层、中深层和深层页岩油气藏。垂深直接影响水平井钻完井、分段压裂、开发特征及开发成本。前述章节也指出，不同垂深范围水平段长、用液强度、加砂强度、砂液比、首年日产气量、递减率及单井 EUR 等均存在显著差异。因此，垂深被视为影响页岩油气藏开发的关键因素之一。本节首先对 Barnett 页岩气藏所有水平井做垂深单因素影响分析。引入百米段长产油当量为技术指标，单位钻压成本产油当量为经济指标综合评价垂深对开发效果的影响。

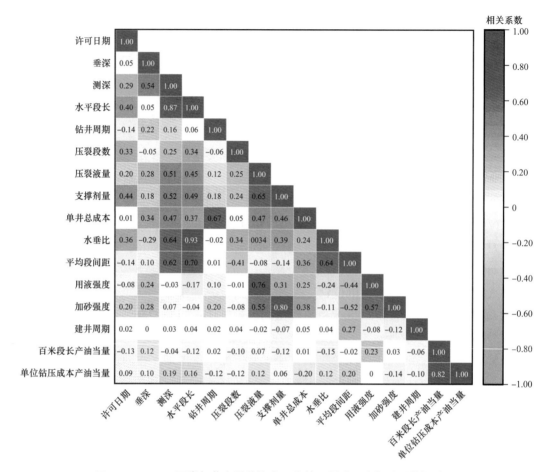

图 7-1　Barnett 页岩气藏水平井综合开发效果影响因素相关系数矩阵图

　　针对 Barnett 所有页岩气水平井按照 500m 垂深间隔进行统计分析，图 7-2 给出了不同垂深水平井百米段长产油当量及单位钻压成本产油当量的统计曲线。垂深小于 2000m 统计水平井 102 口，平均百米段长产油当量为 3234t/100m，平均单位钻压成本产油当量为 194.3t/ 万美元。垂深 2000~2500m 统计水平井 1341 口，平均百米段长产油当量为 5819t/100m，平均单位钻压成本产油当量为 276.4t/ 万美元。垂深 2500~3000m 统计水平井 204 口，平均百米段长产油当量为 6221t/100m，平均单位钻压成本产油当量为 266.7 t/ 万美元。百米段长产油当量与单位钻压成本产油当量呈相似变化趋势，随垂深增加，技术指标和经济指标同步增加，综合开发效果随垂深增加而增加。

7.2　水平段长

　　Barnett 开发过程中充分借鉴了 Barnett 页岩气藏开发积累的经验。水平井钻井和大规模分段体积压裂是页岩气藏普遍采用的关键核心技术。水平段长是单井开发效果的关键控制因素。通常随水平段长增加，单井控制面积及储量随之增加，单井也会获得更高的最终可采储量。然而，水平段长并非越长越好，随水平段长增加，钻完井及压裂施工难度加大，脆性页岩垮塌和破裂等复杂问题越突出。长水平井同时会为后续固井和大规模体积压裂带来施工挑战。针对不同垂深储层，水平段长设计还要考虑水垂比合理范围。从单井开发效果出发，长水平井抽吸压力及井筒摩阻增大，产量与水平段长并非呈线性关系。通常利用百米段长 EUR 作为标准技术开发指标衡量水平井开发效果。随水平段长增加，钻完井和大规模体积压裂工具及工艺技术施工效率有所下降，通常会导致百米段长 EUR 随水平段长增加呈下降趋势。因此，考虑技术和经济效益模式下的合理水平段长一直是每个已开发页岩油气藏关注的热点。

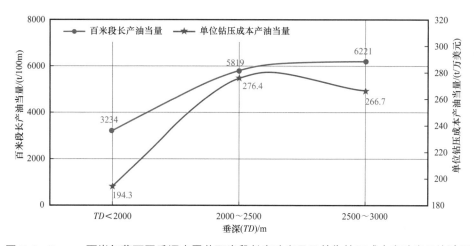

图 7-2　Barnett 页岩气藏不同垂深水平井百米段长产油当量及单位钻压成本产油当量统计图

本节主要针对 Barnett 深层页岩气藏投产井进行统计分析，通过不同统计维度分析合理水平段长。引入百米段长产油当量作为技术指标、单位钻压成本产油当量作为经济指标同时评价不同水平段长水平井开发效果。前述开发效果影响因素分析显示，水平井开发技术和经济指标受多重因素影响，加砂强度和垂深是影响水平井开发效果的主控因素。因此，本节主要采用两种统计方法分析水平井合理水平段长，分别为分布频率统计法和单因素统计分析方法。分布频率统计方法是指将不同垂深范围水平井按照技术指标和经济指标排序，选取前 25% 水平井对应水平段长做统计频率分析，初步确定水平井合理水平段长范围。单因素统计分析方法是指对不同垂深范围内不同水平段长技术和经济指标进行综合统计分析，确定合理水平段长范围。

图 7-3（a）给出了 Barnett 页岩气藏不同垂深水平井合理技术水平段长统计分布。垂深小于 2000m 统计百米段长产油当量排序前 25% 水平井 38 口，统计平均水平段长 1101m、P25 水平段长 835m、P50 水平段长 1007m、P75 水平段长 1368m。垂深 2000～2500m 统计百米段长产油当量排序前 25% 水平井 722 口，统计平均水平段长 1251m、P25 水平段长 962m、P50 水平段长 1245m、P75 水平段长 1445m。垂深 2500～3000m 统计百米段长产油当量排序前 25% 水平井 153 口，统计平均水平段长 1227m、P25 水平段长 938m、P50 水平段长 1231m、P75 水平段长 1486m。

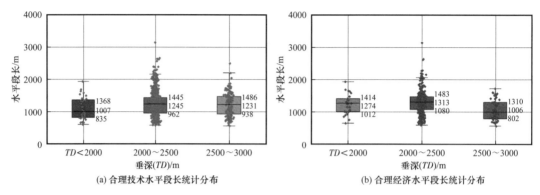

图 7-3 Barnett 页岩气藏不同垂深水平井合理技术和经济水平段长统计分布图

图 7-3（b）给出了 Barnett 深层页岩气藏不同垂深水平井合理经济水平段长统计分布。垂深小于 2000m 统计百米段长产油当量排序前 25% 水平井 26 口，统计平均水平段长 1256m、P25 水平段长 1012m、P50 水平段长 1274m、P75 水平段长 1414m。垂深 2000～2500m 统计百米段长产油当量排序前 25% 水平井 335 口，统计平均水平段长 1318m、P25 水平段长 1083m、P50 水平段长 1313m、P75 水平段长 1483m。垂深 2500～3000m 统计百米段长产油当量排序前 25% 水平井 51 口，统计平均水平段长 1074m、P25 水平段长 802m、P50 水平段长 1006m、P75 水平段长 1310m。

将不同垂深范围水平井对应合理技术及经济水平段长统计范围进行叠加，确定合理技术经济水平段长范围。图 7-4 给出了 Barnett 页岩气藏不同垂深水平井合理技术与经济水平段长叠加图。垂深小于 2000m 水平井统计合理技术水平段长范围 612～1944m、合理经济水平段长范围 656～1944m，综合确定合理经济技术水平段长范围 656～1944m。垂深 2000～2500m 水平井统计合理技术水平段长范围 590～3158m、合理经济水平段长范围 597～3158m，综合确定合理经济技术水平段长范围 597～3158m。垂深 2500～3000m 水平井统计合理技术水平段长范围 572～2511m、合理经济水平段长范围 572～1735m，综合确定合理经济技术水平段长范围 572～1735m。

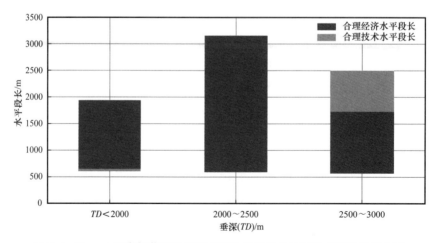

图 7-4 Barnett 页岩气藏不同垂深水平井合理技术与经济水平段长叠合图

Barnett 页岩气藏不同垂深水平井分布频率统计合理技术经济水平段长结果显示,随垂深范围增加,合理技术经济水平段长总体呈下降趋势。分布频率统计合理技术经济水平段长变化趋势符合常规认识。随垂深增加,钻完井和压裂工程技术施工难度和效果有所下降,合理技术经济水平段长呈下降趋势。

在分布频率统计方法基础上,继续沿用垂深小于2000m、2000~2500m、2500~3000m、3000~3500m、3500~4000m 和4000~4500m 分类方式,对不同水平段长水平井开发效果进行单因素综合统计分析。水平段长范围按照小于1000m、1000~1250m、1250~1500m、1500~1750m、1750~2000m、2000~2250m、2250~2500m、2500~2750m、2750~3000m、3000~3250m、3250~3500m、3500~3750m、3750~4000m 和水平段长超过4000m 进行区间划分。

图7-5给出了 Barnett 页岩气藏不同垂深和水平段长范围水平井百米段长产油当量统计曲线。垂深小于2000m 水平井,水平段长小于1000m 统计水平井57口,平均百米段长产油当量为3838t/100m。水平段长1000~1250m 统计水平井29口,平均百米段长产油当量为3283t/100m。水平段长1250~1500m 统计水平井33口,平均百米段长产油当量为2574t/100m。水平段长1500~1750m 统计水平井25口,平均百米段长产油当量为3600t/100m。水平段长1750~2000m 统计水平井6口,平均百米段长产油当量为2497t/100m。水平段长2000~2250m 统计水平井2口,平均百米段长产油当量为4018t/100m。水平段长大于2250m 统计水平井1口,平均百米段长产油当量为7496t/100m。

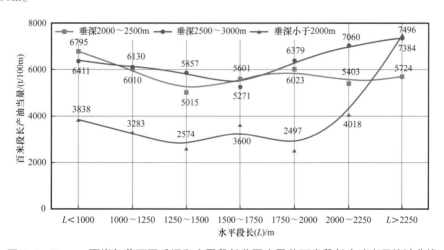

图7-5 Barnett 页岩气藏不同垂深和水平段长范围水平井百米段长产油当量统计曲线

垂深2000~2500m 区间,水平段长小于1000m 统计水平井958口,平均百米段长产油当量为6795t/100m。水平段长1000~1250m 统计水平井710口,平均百米段长产油当量为6010t/100m。水平段长1250~1500m 统计水平井594口,平均百米段长产油当量为5015t/100m。水平段长1500~1750m 统计水平井313口,平均百米段长产油当量为5601t/100m。水平段长1750~2000m 统计水平井147口,平均百米段长产油当量为 6023t/100m。水平段长 2000～2250m 统计水平井 93 口，平均百米段长产油当量为 5403t/100m。水平段长大于 2250m 统计水平井 72 口，平均百米段长产油当量为 5724t/100m。

垂深 2500～3000m 区间，水平段长小于 1000m 统计水平井 179 口，平均百米段长产油当量为 6411t/100m。水平段长 1000～1250m 统计水平井 130 口，平均百米段长产油当量为 6130t/100m。水平段长 1250～1500m 统计水平井 153 口，平均百米段长产油当量为 5857t/100m。水平段长 1500～1750m 统计水平井 81 口，平均百米段长产油当量为 5271t/100m。水平段长 1750～2000m 统计水平井 38 口，平均百米段长产油当量为 6379t/100m。水平段长 2000～2250m 统计水平井 23 口，平均百米段长产油当量为 7060t/100m。水平段长大于 2250m 统计水平井 6 口，平均百米段长产油当量为 7384t/100m。

由于不同水平段长范围内统计水平井数量存在显著差异，根据实际数据点及样本数量对统计曲线趋势进行了综合调整。结合前期统计规律认识显示，随水平段长增加，水平井百米段长产油当量整体较为稳定。因此，根据不同水平段长综合百米段长产油当量实际统计数据点绘制了不同水平段长综合百米段长产油当量变化趋势。在相同垂深范围内，随水平段长增加，百米段长产油当量呈相对稳定，略有增加。相同水平段长范围内，随垂深增加，综合百米段长产油当量呈增加趋势。

图 7-6 给出了 Barnett 页岩气藏不同垂深和水平段长范围水平井单位钻压成本产油当量统计曲线。垂深小于 2000m 水平井，水平段长小于 1000m 统计水平井 23 口，平均单位钻压成本产油当量为 210t/万美元。水平段长 1000～1250m 统计水平井 20 口，平均单位钻压成本产油当量为 175t/万美元。水平段长 1250～1500m 统计水平井 28 口，平均单位钻压成本产油当量为 174t/万美元。水平段长 1500～1750m 统计水平井 23 口，平均单位钻压成本产油当量为 217t/万美元。水平段长 1750～2000m 统计水平井 6 口，平均单位钻压成本产油当量为 164t/万美元。水平段长 2000～2250m 统计水平井 1 口，平均单位钻压

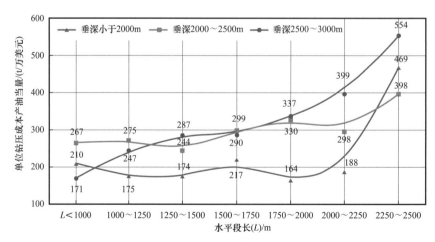

图 7-6 Barnett 页岩气藏不同垂深和水平段长范围水平井单位钻压成本产油当量统计曲线

成本产油当量为 188t/ 万美元。水平段长大于 2250m 统计水平井 1 口，平均单位钻压成本产油当量为 469t/ 万美元。

垂深 2000～2500m 区间，水平段长小于 1000m 统计水平井 322 口，平均单位钻压成本产油当量为 267t/ 万美元。水平段长 1000～1250m 统计水平井 313 口，平均单位钻压成本产油当量为 275t/ 万美元。水平段长 1250～1500m 统计水平井 347 口，平均单位钻压成本产油当量为 244t/ 万美元。水平段长 1500～1750m 统计水平井 184 口，平均单位钻压成本产油当量为 299t/ 万美元。水平段长 1750～2000m 统计水平井 76 口，平均单位钻压成本产油当量为 330t/ 万美元。水平段长 2000～2250m 统计水平井 55 口，平均单位钻压成本产油当量为 298t/ 万美元。水平段长大于 2250m 统计水平井 44 口，平均单位钻压成本产油当量为 398t/ 万美元。

垂深大于 2500m 区间，水平段长小于 1000m 统计水平井 45 口，平均单位钻压成本产油当量为 171t/ 万美元。水平段长 1000～1250m 统计水平井 39 口，平均单位钻压成本产油当量为 247t/ 万美元。水平段长 1250～1500m 统计水平井 61 口，平均单位钻压成本产油当量为 287t/ 万美元。水平段长 1500～1750m 统计水平井 33 口，平均单位钻压成本产油当量为 290t/ 万美元。水平段长 1750～2000m 统计水平井 13 口，平均单位钻压成本产油当量为 337t/ 万美元。水平段长 2000～2250m 统计水平井 10 口，平均单位钻压成本产油当量为 399t/ 万美元。水平段长大于 2250m 统计水平井 3 口，平均单位钻压成本产油当量为 554t/ 万美元。

垂深小于 2000m、2000～2500m 和大于 2500m 分类方式，不同水平段长水平井开发效果单因素综合统计分析显示，在现有经济技术条件下存在合理技术经济水平段长。随垂深增加，水平井合理技术经济水平段长总体呈上升趋势。

7.3　加砂强度

加砂强度是指单位段长支撑剂量，一定程度上反映了水平井分段压裂强度。加砂强度是页岩气水平井分段压裂核心参数之一，Barnett 页岩气藏水平井综合开发效果影响因素相关系数矩阵图也显示加砂强度与百米段长产油当量和单位钻压成本产油当量都存在强相关性。目前较为普遍的认识是提高加砂强度能够有助于提高单井产量。由于加砂强度和用液强度具备强相关性，本章重点针对加砂强度进行分析。

本节主要针对 Barnett 深层页岩气藏投产井进行统计分析，通过不同统计维度分析合理水平段长。引入百米段长产油当量作为技术指标、单位钻压成本产油当量作为经济指标同时评价不同水平段长水平井开发效果。前述开发效果影响因素分析显示，水平井开发技术和经济指标受多重因素影响，加砂强度和垂深是影响水平井开发效果的主控因素。因此，本节主要采用两种统计方法分析水平井合理加砂强度，分别为分布频率统计法和单因素统计分析方法。分布频率统计方法是指将不同垂深范围水平井按照技术指标和经济指标排序，选取前 25% 水平井对应加砂强度做统计频率分析，初步确定水平井合理加砂强度范围。单因素统计分析方法是指对不同垂深范围内不同加砂强度对应技术和经济指标进行综合统计分析，确定合理加砂强度范围。

图 7-7（a）给出了 Barnett 页岩气藏不同垂深水平井合理技术加砂强度统计分布。垂深小于 2000m 统计百米段长产油当量排序前 25% 水平井 9 口，统计平均加砂强度 1.04t/m、P25 加砂强度 0.68t/m、P50 加砂强度 0.71t/m、P75 加砂强度 1.64t/m。垂深 2000～2500m 统计百米段长产油当量排序前 25% 水平井 137 口，统计平均加砂强度 1.26 t/m、P25 加砂强度 0.95t/m、P50 加砂强度 1.33t/m、P75 加砂强度 1.57t/m。垂深大于 2500m 统计百米段长产油当量排序前 25% 水平井 20 口，统计平均加砂强度 1.88t/m、P25 加砂强度 1.34t/m、P50 加砂强度 1.57t/m、P75 加砂强度 2.12t/m。

图 7-7（b）给出了 Barnett 页岩气藏不同垂深水平井合理经济加砂强度统计分布。垂深小于 2000m 统计单位钻压成本产油当量排序前 25% 水平井 11 口，统计平均加砂强度 1.28t/m、P25 加砂强度 0.70t/m、P50 加砂强度 1.60t/m、P75 加砂强度 1.64t/m。垂深 2000～2500m 统计单位钻压成本产油当量排序前 25% 水平井 114 口，统计平均加砂强度 1.30t/m、P25 加砂强度 1.02t/m、P50 加砂强度 1.38t/m、P75 加砂强度 1.57t/m。垂深大于 2500m 统计单位钻压成本产油当量排序前 25% 水平井 20 口，统计平均加砂强度 1.56t/m、P25 加砂强度 1.01t/m、P50 加砂强度 1.34t/m、P75 加砂强度 1.54t/m。

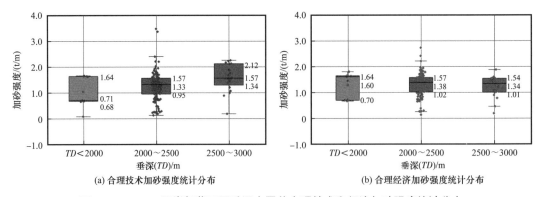

图 7-7　Barnett 页岩气藏不同垂深水平井合理技术和经济加砂强度统计分布

将不同垂深范围水平井对应合理技术及经济加砂强度统计范围进行叠加，确定合理技术经济加砂强度范围。图 7-8 给出了 Barnett 页岩气藏不同垂深水平井合理技术与经济加砂强度叠加图。垂深小于 2000m 水平井统计合理技术加砂强度范围 0.08～1.66t/m、合理经济加砂强度范围 0.66～1.80t/m，综合确定合理经济技术加砂强度范围 0.66～1.66t/m。垂深 2000～2500m 水平井统计合理技术加砂强度范围 0.13～3.48t/m、合理经济加砂强度范围 0.13～2.72t/m，综合确定合理经济技术加砂强度范围 0.13～2.72t/m。垂深 2500～3000m 水平井统计合理技术加砂强度范围 0.18～8.11t/m、合理经济加砂强度范围 0.18～8.11t/m，综合确定合理经济技术加砂强度范围 0.18～8.11t/m。

Barnett 页岩气藏不同垂深水平井分布频率统计合理技术经济加砂强度结果显示，随垂深范围增加，合理技术经济加砂强度总体呈增加趋势。分布频率统计合理技术经济加砂强度变化趋势符合常规认识。随垂深增加，需要更高的加砂强度以支撑有效裂缝，合理技术经济加砂强度呈增加趋势。

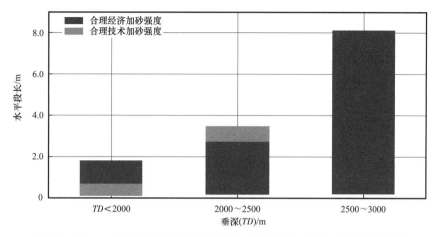

图 7-8　Barnett 页岩气藏不同垂深水平井合理技术与经济加砂强度叠合图

在分布频率统计方法基础上，继续沿用垂深小于 2000m、2000～2500m 和大于 2500m 分类方式，对不同加砂强度水平井开发效果进行单因素综合统计分析。加砂强度范围按照小于 0.50t/m、0.50～1.00t/m、1.00～1.50t/m、1.50～2.00t/m、2.00～2.50t/m、2.50～3.00t/m 和加砂强度超过 3.00t/m 进行区间划分。

图 7-9 给出了 Barnett 页岩气藏垂深小于 2000m 水平井不同加砂强度综合开发效果统计图。垂深小于 2000m 范围内，加砂强度 0～0.50t/m 统计水平井 2 口，平均百米段长产油当量 1466t/100m。加砂强度 0.50～1.00t/m 统计水平井 12 口，平均百米段长产油当量 2949t/100m，平均单位钻压成本产油当量 187.7t/ 万美元。加砂强度 1.00～1.50t/m 统计水平井 13 口，平均百米段长产油当量 3474t/100m，平均单位钻压成本产油当量 189.5t/ 万美元。加砂强度 1.50～2.00t/m 统计水平井 12 口，平均百米段长产油当量 2048t/100m，平均单位钻压成本产油当量 116.9t/ 万美元。

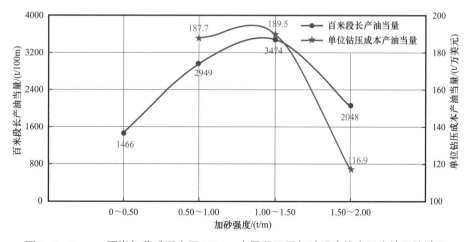

图 7-9　Barnett 页岩气藏垂深小于 2000m 水平井不同加砂强度综合开发效果统计图

垂深小于 2000m 水平井加砂强度单因素统计分析显示，技术开发指标百米段长产油当量随加砂强度增加呈先增加后下降变化趋势。峰值百米段长产油当量为 3474t/100m，对应加砂强度范围为 1.00～1.50t/m。加砂强度超过 1.00t/m 时，百米段长产油当量随加砂强度增加而呈下降趋势。经济开发指标单位钻压成本产油当量与百米段长产油当量变化趋势相似，随加砂强度增加而呈现增加后下降趋势。峰值单位钻压成本产油当量为 189.5t/ 万美元，对应加砂强度范围为 1.00～1.50t/m。加砂强度超过 100t/m 时，经济开发指标单位钻压成本产油当量呈下降趋势。综合技术与经济开发指标变化特征，认为垂深小于 2000m 水平井合理加砂强度范围为 1.00～1.50t/m。

图 7-10 给出了 Barnett 页岩气藏垂深 2000～2500m 水平井不同加砂强度综合开发效果统计图。垂深 2000～2500m 范围内，加砂强度 0～0.50t/m 统计水平井 49 口，平均百米段长产油当量 5489t/100m，平均单位钻压成本产油当量 329.3t/ 万美元。加砂强度 0.50～1.00t/m 统计水平井 163 口，平均百米段长产油当量 7078t/100m，平均单位钻压成本产油当量 334.0t/ 万美元。加砂强度 1.00～1.50t/m 统计水平井 208 口，平均百米段长产油当量 6485t/100m，平均单位钻压成本产油当量 315.4t/ 万美元。加砂强度 1.50～2.00 t/m 统计水平井 145 口，平均百米段长产油当量 6543t/100m，平均单位钻压成本产油当量 265.1t/ 万美元。加砂强度 2.00～2.50t/m 统计水平井 32 口，平均百米段长产油当量 8964t/100m，平均单位钻压成本产油当量 281.2t/ 万美元。加砂强度 2.50～3.00t/m 统计水平井 4 口，平均百米段长产油当量 7312t/100m，平均单位钻压成本产油当量 153.0t/ 万美元。加砂强度大于 3.00t/m 统计水平井 9 口，平均百米段长产油当量 6380t/100m，平均单位钻压成本产油当量 204.0t/ 万美元。

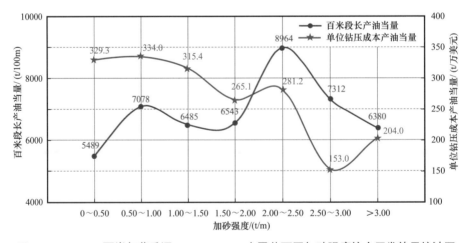

图 7-10　Barnett 页岩气藏垂深 2000～2500m 水平井不同加砂强度综合开发效果统计图

垂深 2000～2500m 水平井加砂强度单因素统计分析显示，技术开发指标百米段长产油当量随加砂强度增加呈先增加后下降变化趋势。峰值百米段长产油当量为 8964t/100m，对应加砂强度范围为 2.00～2.50t/m。加砂强度超过 2.50t/m 时，百米段长产油当量随加砂强度增加而呈下降趋势。经济开发指标单位钻压成本产油当量与百米段长产油当量变化趋势相反，随加砂强度增加而呈现降低后增加趋势。峰值单位钻压成本产油当量为334.0t/万美元，对应加砂强度范围为0.50～1.00t/m。加砂强度超过1.00t/m时，经济开发指标单位钻压成本产油当量呈下降趋势。综合技术与经济开发指标变化特征，认为垂深2000～2500m水平井合理加砂强度范围为2.00～2.50t/m。

图7-11给出了Barnett页岩气藏垂深2500～3000m水平井不同加砂强度综合开发效果统计图。垂深2500～3000m范围内，加砂强度0～0.50t/m统计水平井6口，平均百米段长产油当量7313t/100m，平均单位钻压成本产油当量281.1t/万美元。加砂强度0.50～1.00t/m统计水平井18口，平均百米段长产油当量7371t/100m，平均单位钻压成本产油当量323.5t/万美元。加砂强度1.00～1.50t/m统计水平井53口，平均百米段长产油当量6754t/100m，平均单位钻压成本产油当量318.5t/万美元。加砂强度1.50～2.00t/m统计水平井25口，平均百米段长产油当量5740t/100m，平均单位钻压成本产油当量198.0t/万美元。加砂强度2.00～2.50t/m统计水平井8口，平均百米段长产油当量3347t/100m，平均单位钻压成本产油当量369.4t/万美元。加砂强度大于3.00t/m统计水平井3口，平均百米段长产油当量5820t/100m，平均单位钻压成本产油当量126.7t/万美元。

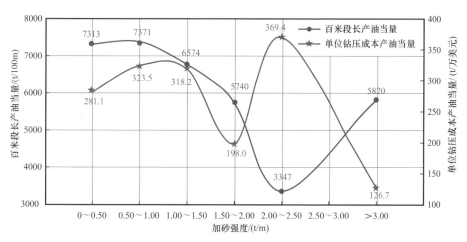

图7-11 Barnett页岩气藏垂深2500～3000m水平井不同加砂强度综合开发效果统计图

垂深2500～3000m水平井加砂强度单因素统计分析显示，技术开发指标百米段长产油当量随加砂强度增加呈先下降后升高的变化趋势。峰值百米段长产油当量为7371t/100m，对应加砂强度范围为0.50～1.00t/m。加砂强度超过1.00t/m时，百米段长产油当量随加砂强度增加而呈下降趋势。经济开发指标单位钻压成本产油当量与百米段长产油当量变化趋势相似，随加砂强度增加而呈现增加后下降趋势。峰值单位钻压成本产油当量为369.4t/万美元，对应加砂强度范围为2.00～2.50t/m。加砂强度超过2.50t/m时，经济开发指标单位钻压成本产油当量呈下降趋势。综合技术与经济开发指标变化特征，认为垂深2500～3000m水平井合理加砂强度范围为0.50～1.00t/m。

7.4 本章小结

本章重点对 Barnett 深层页岩气藏历年投产页岩气水平井进行统计分析，重点评价垂深、水平段长和加砂强度等因素对气井开发效果的影响，为其他页岩气藏开发提供参考。引入百米段长产油当量和单位钻压成本产油当量分别作为水平井开发效果评价的技术指标和经济指标，综合技术指标和经济指标定量描述不同开发技术政策条件下的水平井开发效果。技术指标百米段长产油当量主要影响因素包括加砂强度、用液强度和垂深。经济指标单位钻压成本产油当量主要影响因素包括垂深、测深、水平段长、水垂比和平均段间距。

垂深是页岩油气藏开发的关键指标之一，直接影响水平井钻完井、分段压裂、开发特征及开发成本。百米段长产油当量与单位钻压成本产油当量呈相似变化趋势，随垂深增加技术指标和经济指标同步增加，综合开发效果随垂深增加而增加。

综合技术与经济开发指标变化特征，认为垂深 2000～2500m 水平井合理加砂强度范围为 2.00～2.50t/m。垂深 2000～2500m 水平井合理加砂强度范围为 2.00～2.50t/m。垂深 2500～3000m 水平井合理加砂强度范围为 0.50～1.00t/m。

第8章 展　望

Barnett 页岩气田是美国最早开发的页岩气田，2010 年之前也一直是美国最大的页岩气田，为典型中深—深层常压页岩气藏，气田埋深浅，核心区埋深 1982～2592m，以常压为主。Barnett 页岩气藏特征与国内海相浅层及海陆过渡相浅层页岩气藏特征相似，具备一定可对比性。表 8-1 给出了 Barnett 页岩气藏特征参数表。作为北美开发最早的页岩气藏，Barnett 页岩气藏开发特征可为国内海相浅层常压页岩气和海陆过渡相页岩气开发提供参考借鉴。

表 8-1　Barnett 页岩气藏特征参数表

气藏特征	描述
所属盆地	Fort Worth 盆地
地理位置	得克萨斯州
地层时代	密西西比
沉积环境	前陆盆地、深水陆棚相
气藏面积	$13000km^2$
地质储量	$12.6 \times 10^{12} m^3$
技术可采储量	$1.23 \times 10^{12} m^3$
储量丰度	$9.7 \times 10^8 m^3/km^2$
地层厚度	30～180m
岩相特征	高密度富含有机质和硅质、同时含油和化石的薄层页岩，高硬度均质含油和化石黑色石灰岩
矿物组成	30%～50% 石英、10%～50% 黏土矿物（伊利石为主）、0%～30% 方解石、白云石和菱铁矿、7% 长石、5% 黄铁矿、微量磷酸盐和石膏
力学特征	杨氏模量 60～70GPa、泊松比 0.23～0.30
有机碳含量	1%～5%，平均为 2.5%～3.5%
有机质类型	Ⅱ型干酪根为主
热成熟度	0.8%～1.4%
地层压力系数	1.00～1.10
地层压力	20～28MPa

续表

气藏特征	描述
地层温度	55～110℃
钻遇深度	950～3050m
储层孔隙度	4.0%～5.0%
储层渗透率	小于 $0.01 \times 10^{-3} \mu m^2$
含气饱和度	70%～80%
含气量	8.5～9.9m³/t

页岩气水平井水垂比、平均段间距、加砂强度、用液强度、钻完井成本占单井钻压成本比例、压裂成本占单井钻压成本比例、单段压裂成本、百米段长压裂成本、百吨砂量 EUR、百米段长 EUR 和单位钻压成本产气量可作为标准指标用于不同气藏间进行横向对比分析。表 8-2、表 8-3 和表 8-4 分别给出了 Barnett 页岩气藏不同埋深范围水平井标准指标统计表。

表 8-2 Barnett 垂深小于 2000m 浅层水平井历年标准指标统计表

标准指标	统计方式	2011 年	2012 年	2013 年	2014 年	2015 年	2016 年	2017 年	2018 年	2019 年	2020 年
水垂比	P25	0.51	0.50	0.59	0.65	—	—	0.87	—	0.37	0.45
	P50	0.61	0.63	0.71	0.71	—	—	0.89	—	0.42	1.07
	P75	0.78	0.72	0.76	0.78	—	—	0.91	—	0.68	1.69
平均段间距 /m	P25	69	70	104	—	—	—	—	—	—	—
	P50	94	73	124	—	—	—	—	—	—	—
	P75	101	86	144	—	—	—	—	—	—	—
砂液比 /t/m³	P25	0.05	0.07	0.13	0.13	—	—	—	—	0.03	—
	P50	0.06	0.08	0.14	0.14	—	—	—	—	0.10	—
	P75	0.07	0.12	0.16	0.17	—	—	—	—	0.17	—
用液强度 /m³/m	P25	11	10	7	7	—	—	—	—	26	—
	P50	13	13	9	10	—	—	—	—	28	—
	P75	15	15	11	11	—	—	—	—	31	—
加砂强度 /t/m	P25	0.72	0.74	1.10	1.09	—	—	—	—	0.76	—
	P50	1.03	0.97	1.35	1.31	—	—	—	—	3.03	—
	P75	1.46	1.09	1.49	1.56	—	—	—	—	5.29	—

续表

标准指标	统计方式	2011 年	2012 年	2013 年	2014 年	2015 年	2016 年	2017 年	2018 年	2019 年	2020 年
钻完井成本占单井钻压成本比例	P25	32%	34%	29%	31%	—	—	63%	—	42%	50%
	P50	39%	40%	40%	38%	—	—	67%	—	49%	50%
	P75	47%	47%	49%	52%	—	—	70%	—	56%	50%
压裂成本占单井钻压成本比例	P25	53%	53%	51%	48%	—	—	30%	—	44%	50%
	P50	61%	60%	60%	62%	—	—	33%	—	51%	50%
	P75	68%	66%	71%	69%	—	—	37%	—	59%	50%
百米段长压裂成本 / 万美元	P25	9.4	8.5	9.7	6.8	—	—	6.8	—	14.7	19.3
	P50	10.0	9.2	11.6	10.8	—	—	6.9	—	14.8	19.3
	P75	11.8	10.9	13.4	12.4	—	—	7.0	—	14.9	19.3
百米段长产油当量 / t/100m	P25	1538	955	1384	1481	—	—	3000	—	—	1067
	P50	3889	2483	1941	1828	—	—	3414	—	—	1067
	P75	4898	5010	2741	2575	—	—	3828	—	—	1067
百吨砂量产油当量 / t/100t	P25	1631	2223	1016	956	—	—	—	—	—	—
	P50	3611	5636	1377	1478	—	—	—	—	—	—
	P75	5529	7956	2475	1938	—	—	—	—	—	—
单位钻压成本产油当量 / t/ 万美元	P25	109.5	53.8	59.8	88.5	—	—	128.9	—	—	27.5
	P50	248.3	150.0	94.5	99.9	—	—	168.3	—	—	27.5
	P75	306.7	347.7	158.6	178.5	—	—	207.8	—	—	27.5

表 8-3　Barnett 垂深 2000～2500m 中深层水平井历年标准指标统计表

标准指标	统计方式	2011 年	2012 年	2013 年	2014 年	2015 年	2016 年	2017 年	2018 年	2019 年	2020 年
水垂比	P25	0.45	0.49	0.57	0.61	0.63	0.47	0.71	0.61	0.71	0.59
	P50	0.57	0.59	0.65	0.71	0.68	0.47	0.86	0.70	0.85	0.71
	P75	0.68	0.70	0.75	0.81	0.90	0.47	0.96	0.81	1.07	0.75
平均段间距 / m	P25	88	110	116	117	—	—	—	—	—	—
	P50	121	124	120	120	—	—	—	—	—	—
	P75	134	162	126	123	—	—	—	—	—	—

标准指标	统计方式	2011 年	2012 年	2013 年	2014 年	2015 年	2016 年	2017 年	2018 年	2019 年	2020 年
砂液比 / t/m³	P25	0.05	0.07	0.08	0.11	0.07	—	0.11	0.12	0.11	0.13
	P50	0.12	0.10	0.12	0.12	0.14	—	0.13	0.13	0.12	0.15
	P75	0.12	0.12	0.14	0.14	0.18	—	0.13	0.15	0.15	0.15
用液强度 / m³/m	P25	10	11	9	9	10	—	12	12	3	9
	P50	13	13	11	12	12	—	15	18	3	18
	P75	15	15	13	13	16	—	19	20	20	20
加砂强度 / t/m	P25	0.89	0.84	1.05	1.11	1.35	—	1.24	1.57	0.28	1.28
	P50	1.25	1.08	1.34	1.47	1.77	—	1.60	2.46	0.32	2.83
	P75	1.50	1.48	1.54	1.69	1.86	—	2.41	2.97	3.05	2.98
钻完井成 本占 单井钻压 成本比例	P25	35%	33%	33%	33%	44%	60%	45%	36%	36%	34%
	P50	42%	40%	40%	41%	59%	60%	51%	45%	38%	36%
	P75	51%	51%	50%	50%	67%	60%	64%	63%	42%	48%
压裂成本 占单井 钻压成本 比例	P25	49%	49%	50%	50%	33%	40%	36%	37%	58%	52%
	P50	58%	60%	60%	59%	41%	40%	49%	55%	62%	64%
	P75	65%	67%	67%	67%	56%	40%	55%	64%	64%	66%
百米段长 压裂成本 / 万美元	P25	10.0	8.7	8.8	8.4	6.7	6.2	7.3	8.7	9.4	7.5
	P50	12.5	11.7	11.6	10.9	7.3	6.2	8.3	10.1	10.0	12.0
	P75	15.6	15.4	14.5	14.0	12.6	6.2	9.7	12.1	11.5	12.1
百米段长 产油当量 / t/100m	P25	3612	2791	2199	3416	4102	2537	5810	4308	3257	5749
	P50	5713	4944	5543	5838	6696	2537	7654	5611	7055	5749
	P75	7425	7000	8009	7554	10151	2537	9008	7222	9051	5749
百吨砂量 产油当量 / t/100t	P25	4078	4866	1733	2419	3538	—	3745	2379	14970	5916
	P50	5795	7084	4355	3611	5135	—	5321	3000	25240	5916
	P75	7657	9683	6738	4665	6928	—	7147	4587	37763	5916
单位钻压 成本 产油当量 / t/ 万美元	P25	163.2	130.8	103.9	165.9	168.1	164.0	397.9	252.6	125.3	428.0
	P50	268.0	285.1	298.0	298.4	344.1	164.0	538.9	314.7	156.8	428.0
	P75	345.1	380.4	405.0	416.8	471.7	164.0	599.5	405.4	374.0	428.0

表 8–4　Barnett 垂深 2500～3000m 中深层水平井历年标准指标统计表

标准指标	统计方式	2011 年	2012 年	2013 年	2014 年	2015 年	2016 年	2017 年	2018 年	2019 年	2020 年
水垂比	P25	0.42	0.43	0.40	0.41	0.48	0.53	0.64	0.76	0.67	0.41
	P50	0.49	0.51	0.52	0.56	0.72	0.56	0.70	0.86	0.81	0.44
	P75	0.56	0.58	0.61	0.64	0.80	0.60	0.79	0.91	0.86	0.58
平均段间距 / m	P25	100	72	124	—	—	—	—	—	—	—
	P50	106	79	127	—	—	—	—	—	—	—
	P75	137	122	135	—	—	—	—	—	—	—
砂液比 / t/m³	P25	0.05	0.04	0.08	0.10	0.12	—	0.09	0.10	0.16	0.11
	P50	0.07	0.07	0.09	0.12	0.12	—	0.09	0.10	0.19	0.11
	P75	0.12	0.08	0.11	0.13	0.12	—	0.10	0.10	0.21	0.12
用液强度 / m³/m	P25	12	14	14	11	12	—	11	12	14	7
	P50	16	17	17	14	14	—	12	13	15	9
	P75	19	20	22	16	15	—	13	14	19	11
加砂强度 / t/m	P25	1.02	0.79	1.37	1.42	1.49	—	1.08	1.23	2.84	0.82
	P50	1.41	1.30	1.77	1.59	1.69	—	1.09	1.34	2.87	0.99
	P75	1.83	1.57	1.89	1.85	1.78	—	1.12	1.35	2.90	1.17
钻完井成本占单井钻压成本比例	P25	35%	33%	29%	40%	47%	45%	46%	48%	38%	46%
	P50	43%	42%	36%	49%	56%	45%	54%	56%	52%	54%
	P75	50%	53%	47%	58%	66%	45%	67%	61%	55%	64%
压裂成本占单井钻压成本比例	P25	50%	47%	53%	42%	34%	55%	33%	39%	45%	36%
	P50	57%	58%	64%	51%	44%	55%	46%	44%	48%	46%
	P75	65%	67%	71%	60%	53%	55%	54%	52%	62%	54%
百米段长压裂成本 / 万美元	P25	12.6	11.7	11.7	7.8	9.0	8.3	6.4	6.6	10.1	6.3
	P50	15.4	15.0	17.0	11.2	10.2	8.4	8.1	6.8	10.2	10.3
	P75	17.9	19.3	20.2	17.1	15.5	8.4	9.8	7.1	10.6	14.4
百米段长产油当量 / t/100m	P25	5060	3143	1645	3417	4537	347	6117	5758	1623	7394
	P50	6593	6761	4101	4725	5599	519	7283	8208	1623	10253
	P75	7696	8918	6334	6643	8010	691	7651	9288	1623	12146

续表

标准指标	统计方式	2011 年	2012 年	2013 年	2014 年	2015 年	2016 年	2017 年	2018 年	2019 年	2020 年
百吨砂量产油当量 / t/100t	P25	5025	1436	732	1822	2612	—	5217	4192	—	7173
	P50	6956	7913	2514	4255	3239	—	6368	5995	—	7663
	P75	14276	9753	5781	4965	5589	—	6973	7626	—	8153
单位钻压成本产油当量 / t/ 万美元	P25	199.0	100.8	164.9	58.2	166.5	22.8	292.2	382.1	98.7	258.9
	P50	251.4	310.6	182.4	166.6	234.6	34.4	387.5	498.8	98.7	457.8
	P75	338.5	381.9	238.3	289.4	324.3	45.9	439.3	577.0	98.7	656.7

参 考 文 献

[1] 昌书林，秦启荣，周毅．地球物理技术在页岩气勘探过程中的应用研究［J］．重庆科技学院学报（自然科学版），2012，14（4）：10-12.

[2] 康新荣，纪常杰．Barnett 页岩水平井造缝及优化完井作业研究［J］．国外油田工程，2009，25（1）：17-19，27.

[3] 李武广，杨胜来，殷丹丹，等．页岩气开发技术与策略综述［J］．天然气与石油，2011，29（1）：7，34-37.

[4] 李新景，胡素云，程克明．北美裂缝性页岩气勘探开发的启示［J］．石油勘探与开发，2007，199（4）：392-400.

[5] 聂海宽，张金川，张培先，等．福特沃斯盆地 Barnett 页岩气藏特征及启示［J］．地质科技情报，2009，28（2）：87-93.

[6] 蒲泊伶，包书景，王毅，等．页岩气成藏条件分析——以美国页岩气盆地为例［J］．石油地质与工程，2008，22（3）：33-36，39.

[7] 唐颖，唐玄，王广源，等．页岩气开发水力压裂技术综述［J］．地质通报，2011，30（Z1）：393-399.

[8] 唐代绪，赵金海，王华，等．美国 Barnett 页岩气开发中应用的钻井工程技术分析与启示［J］．中外能源，2011，16（4）：47-52.

[9] 许维武．美国福特沃斯盆地 Barnett 页岩气藏特征及开发技术特点［J］．内蒙古石油化工，2014，40（15）：108-110.

[10] 叶海超，光新军，王敏生，等．北美页岩油气低成本钻完井技术及建议［J］．石油钻采工艺，2017，39（5）：552-558.

[11] 张言，郭振山．页岩气藏开发的专项技术［J］．国外油田工程，2009，25（1）：24-27.

[12] 张金川，薛会，张德明，等．页岩气及其成藏机理［J］．现代地质，2003，17（4）：466.

[13] 张卫东，郭敏，杨延辉．页岩气钻采技术综述［J］．中外能源，2010，15（6）：35-40.

[14] 赵杰，罗森曼，张斌．页岩气水平井完井压裂技术综述［J］．天然气与石油，2012，30（1）：48-51，102.

[15] 赵靖舟，方朝强，张洁，等．由北美页岩气勘探开发看我国页岩气选区评价［J］．西安石油大学学报（自然科学版），2011，26（2）：1-7，110，117.

[16] Adesida A G, Akkutlu I Y, Resasco D E, et al. Characterization of Barnett shale kerogen pore size distribution using DFT analysis and grand canonical Monte Carlo simulations［C］. SPE, 2011, 147397.

[17] Agrawal A, Wei Y, Holditch S A A. A technical and economic study of completion techniques in five emerging US gas shales : A Woodford Shale example［J］. SPE Drilling & Completion, 2012, 27（1）：39-49.

[18] Akbarnejad-Nesheli B, Valkó P P, Lee W J. Relating fracture network characteristics to shale gas

reserve estimation [C]. SPE, 2012, 154841.

[19] Anderson D M, Nobakht M, Moghadam S, et al. Analysis of production data from fractured shale gas wells [C]. SPE, 2010, 131787.

[20] Arthur J D, Bohm B K, Cornue D. Environmental considerations of modern shale gas development [C]. SPE, 2009. 122931.

[21] Arthur J D, Coughlin B J, Bohm B K. Summary of environmental issues, mitigation strategies, and regulatory challenges associated with shale gas development in the United States and applicability to development and operations in Canada [C]. SPE, 2010, 138977.

[22] Awerbuch S. The surprising role of risk in utility integrated resource planning [J]. The Electricity Journal, 1993, 6 (3), 20–33.

[23] Baker R, Shen Y, Zhang J, et al. New cutter technology redefining PDC durability standards for directional control : North Texas/Barnett Shale [C]. SPE, 2010, 128468.

[24] Bello R O, Wattenbarger R A. Multi-stage hydraulically fractured shale gas rate transient analysis [C]. SPE, 2010, 126754.

[25] Bolinger M, Wiser R, Golove W. Accounting for fuel price risk when comparing renewable to gas-fired generation : the role of forward natural gas prices [J]. Energy Policy, 2006, 34 (6): 706–720.

[26] Bourgoyne A T, Millheim K K, Chenevert M E, et al. Applied drilling engineering [J]. 1986.

[27] Bowker K A. Barnett Shale gas production, Fort Worth Basin : Issues and discussion [J]. AAPG Bulletin, 2007, 91 (4): 523–533.

[28] Brashear J P, Rosenberg J I, Mercer J. Tight gas resource and technology appraisal : sensitivity analyses of the national petroleum council estimates [C]. SPE, 1984. 12862.

[29] Bukowac T, Rafik B. Successful multistage hydraulic fractur ing treatment using a seawater-based polymore-free fluid system executed from a supply vessel ; Lebada vest field, blasck sea offshore romania [C]. SPE, 2009, 121204.

[30] Chen C, Raghavan R. Modeling a fractured well in a composite reservoir [C]. SPE, 1995, 28393.

[31] Cho Y, Apaydin O G, Ozkan E. Pressure-dependent natural-fracture permeability in shale and its effect on shale-gas well production [J]. SPE Reservoir Evaluation & Engineering, 2013, 16 (2): 216–228.

[32] Chong K K, Grieser B, Jaripatke O, et al. A completions roadmap to shale-play development : a review of successful approaches toward shale-play stimulation in the last two decades [C]. SPE, 2010, 130369.

[33] Chong K K, Grieser W V, Passman A, et al. A completions guide book to shale-play development : a review of successful approaches towards shale-play stimulation in the last two decades [C]. SPE, 2010, 133874.

[34] Chopra S, Alexeev V, Xu Y. 3D AVO crossplotting—An effective visualization technique [J]. The

Leading Edge, 2003, 22（11）: 1078-1089.

［35］Cipolla C L L, Lolon E P P, Erdle J C C, et al. Reservoir modeling in shale-gas reservoirs［J］. SPE reservoir evaluation & engineering, 2010, 13（4）: 638-653.

［36］Cipolla C L, Lolon E P, Erdle J C, et al. Modeling well performance in shale-gas reservoirs［C］. SPE, 2009, 125532.

［37］Cipolla C L, Warpinski N R, Mayerhofer M J, et al. The relationship between fracture complexity, reservoir properties, and fracture treatment design［C］. SPE, 2008. 115769.

［38］Cipolla C L. Modeling production and evaluating fracture performance in unconventional gas reservoirs ［J］. Journal of Petroleum Technology, 2009, 61（9）: 84-90.

［39］Du C M, Zhang X, Zhan L, et al. Modeling hydraulic fracturing induced fracture networks in shale gas reservoirs as a dual porosity system［C］. SPE, 2010, 132180.

［40］Du C, Zhang X, Melton B, et al. A workflow for integrated Barnett Shale gas reservoir modeling and simulation［C］. SPE, 2009, 122934.

［41］Duong A N. An unconventional rate decline approach for tight and fracture-dominated gas wells［C］. SPE, 2010, 137748.

［42］Dyaur N, Kullmann G, Ortiz A, et al. Velocity anisotropy and X-ray imaging of Barnett shale［M］// SEG Technical Program Expanded Abstracts 2008. Society of Exploration Geophysicists, 2008: 554-558.

［43］East L E, Grieser W, McDaniel B W, et al. Successful application of hydrajet fracturing on horizontal wells completed in a thick shale reservoir［C］. SPE, 2004, 91435.

［44］Edmiston P L, Keener J, Buckwald S, et al. Flow back water treatment using swellable organosilica media［C］. SPE, 2011, 148973.

［45］Ezisi I B, Hale B W, Watson M C, et al. Assessment of probabilistic parameters for Barnett Shale recoverable volumes［C］. SPE, 2012, 162915.

［46］Fan L, Luo F, Lindsay G, et al. The bottom-line of horizontal well production decline in the Barnett Shale［C］. SPE, 2011, 141263.

［47］Farley S R, Maranuk C A, Jasper C. Case studies of an innovative new drilling tool using rate of penetration modulation［C］. SPE, 2011, 147368.

［48］Fazelipour W. Innovative simulation techniques to history match horizontal wells in shale gas reservoirs ［C］. SPE, 2010, 139114.

［49］Ge J, Ghassemi A. Permeability enhancement in shale gas reservoirs after stimulation by hydraulic fracturing［C］. ARMA, 2011, 11-514.

［50］Goldsmith J. Optimizing BHA's through comparison of conventional drilling methods to use of rotary steerable systems in the Barnett Shale［C］. SPE, 2010, 141127.

［51］Gottschling J C. Marcellus net fracturing pressure analysis［C］. SPE, 2010, 139110.

［52］Grieser B，Bray J. Identification of production potential in unconventional reservoir［C］. SPE，2007，106623.

［53］Grieser B，Shelley B，Johnson B J，et al. Data analysis of Barnett Shale completions［C］. SPE，2006，100674.

［54］Grieser B，Shelley B，Soliman M. Predicting production outcome from multi-stage，horizontal Barnett completions［C］. SPE，2009，120271.

［55］Guo Y，Zhang K，Marfurt K J. Seismic attribute illumination of Woodford Shale faults and fractures，Arkoma Basin，OK［M］//SEG Technical Program Expanded Abstracts 2010. Society of Exploration Geophysicists，2010：1372-1376.

［56］Hale B W. Barnett Shale：A resource play-locally random and regionally complex［C］. SPE，2010. 138987.

［57］Harris P C，Batenburg D. A comparison of freshwater and seawater-based borate-crosslinked fracturing fluids［C］，SPE，1999. 50777.

［58］Hausberger O，Hoegn L A，Soliman K. Management decision matrix for shale gas projects in Europe［C］. SPE，2012，162921.

［59］Herbert J H. The relation of monthly spot to futures prices for natural gas［J］. Energy，1993，18（11）：1119-1124.

［60］Hill R J，Zhang E，Katz B J，et al. Modeling of gas generation from the Barnett Shale，Fort Worth Basin，Texas［J］. AAPG Bulletin，2007，91（4）：501-521.

［61］Hoang S K，Abousleiman Y N. Openhole stability and solids production simulation of emerging gas shales using anisotropic thick wall cylinders［C］. SPE，2010，135865.

［62］Horner P，Halldorson B，Slutz J. Shale gas water treatment value chain——a review of technologies，including case studies［C］. SPE，2011，147264.

［63］Isbell M，Scott D，Freeman M. Application-specific bit technology leads to improved performance in unconventional gas shale plays［C］. SPE，2010，128950.

［64］Ish J，Symanski E，Whitworth K W. Exploring disparities in maternal residential proximity to unconventional gas development in the Barnett Shale in north Texas［J］. International journal of environmental research and public health. 2019，16（3）：298.

［65］Janwadkar S S，Fortenberry D G，Roberts G K，et al. BHA and drillstring modeling maximizes drilling performance in lateral wells of Barnett Shale gas field of N. Texas.［C］SPE，2006，100589.

［66］Jarvie D M，Hill R J，Ruble T E，et al. Unconventional shale-gas systems：The Mississippian Barnett Shale of north-central Texas as one model for thermogenic shale-gas assessment［J］. AAPG bulletin，2007，91（4）：475-499.

［67］Jay P D，Bray F，Michael J，Halliburton development of water-based drilling fluids customized for shale reservoirs［C］. SPE，2011，140868.

［68］ Jeff H， Dave P. The Barnett Shale， visitors guide to the hottest gas play in the US［J］. Pickering Energy Partners， 2005.

［69］ Jikich S A， Smith D H， Sams W N， et al. Enhanced gas recovery with carbon dioxide sequestration： A simulation study of effects of injection strategy and operational parameters［C］. SPE， 2003， 84813.

［70］ Joshi S D， Cost/Benefits of horizontal wells［C］. SPE， 2003， 83621.

［71］ Kahn E， Stoft S. Analyzing fuel price risks under competitive bidding［J］. Lawrence Berkeley National Laboratory， Berkeley， 1993， CA.

［72］ Kale S V， Rai C S， Sondergeld C H. Petrophysical characterization of Barnett shale［C］. SPE， 2010， 131770.

［73］ Kassis S， Sondergeld C H. Fracture permeability of gas shale： effects of roughness， fracture offset， proppant， and effective stress［C］. SPE， 2010， 131376.

［74］ Kazakov N Y， Miskimins J L. Application of multivariate statistical analysis to slickwater fracturing parameters in unconventional reservoir systems［C］. SPE， 2011， 140478.

［75］ Ketter A A， Heinze J R， Daniels J L， et al. A field study in optimizing completion strategies for fracture initiation in Barnett Shale horizontal wells［J］. SPE Production & Operations， 2008， 23（3）：373-378.

［76］ King G E， Haile L， Shuss J， et al. Increasing fracture path complexity and controlling downward fracture growth in the Barnett shale［C］. SPE， 2008， 119896.

［77］ King G E. Thirty years of gas shale fracturing： what have we learned？ ［C］. SPE， 2010， 133456.

［78］ King G R. Material balance techniques for coal seam and Devonian Shale Gas reservoirs［C］. SPE， 1990， 20730.

［79］ King R F， Morehouse D. Drilling sideways—a review of horizontal well technology and its domestic application［J］. Energy Information Administration， 1993.

［80］ Kuuskraa V A， Koperna G， Schmoker J， et al. Barnett Shale rising star in Fort Worth basin［J］. Oil and Gas Journal， 1998， 96（21）：67-76.

［81］ LaFollette R F， Holcomb W D. Practical data mining： Lessons learned from the Barnett Shale of North Texas［C］. SPE， 2011， 140524.

［82］ Lakings J D， Duncan P M， Neale C， et al. Surface based microseismic monitoring of a hydraulic fracture well stimulation in the Barnett shale［M］// SEG Technical Program Expanded Abstracts 2006. Society of Exploration Geophysicists， 2006：605-608.

［83］ Lancaster D E， Mcketta S F， Hill， R E， et al. Inc. Reservoir evaluation， completion techniques， and recent results from Barnett Shale development in the Fort Worth basin［C］. SPE， 1992. 24884.

［84］ Leonard R， Woodroof R， Bullard K， et al. Barnett Shale completions： A method for assessing new completion strategies［C］. SPE， 2007， 110809.

［85］ Lewis A M， Hughes R G. Production data analysis of shale gas reservoirs［C］. SPE， 2008， 116688.

[86] Lohoefer D, Snyder D J, Seale R, et al. Comparative study of cemented versus uncemented multi-stage fractured wells in the Barnett Shale [C]. SPE, 2010, 135386.

[87] Lohoefer D, Snyder D J, Seale R. Long-term comparison of production results from open hole and cemented multi-stage completions in the Barnett Shale [C]. SPE, 2010, 136196.

[88] Madani H A D S, Holditch S. A methodology to determine both the technically recoverable resource and the economically recoverable resource in an unconventional gas play [C]. SPE, 2011, 141368.

[89] Maidla E E, Haci M, Wright D. Case history summary : horizontal drilling performance improvement due to torque rocking on 800 horizontal land wells drilled for unconventional gas resources [C]. SPE, 2009, 123161.

[90] Mark C, James L B, Steve S W. Barnett Shale horizonal restimulations : A case study of 13 Wells [C]. SPE, 2012, 154669.

[91] Matthews H L, Schein G, Malone M. Stimulation of gas shales : they're all the same—right ? [C]. SPE, 2007, 160070.

[92] Maxwell S C, Waltman C K, Warpinski N R, et al. Imaging seismic deformation induced by hydraulic fracture complexity [J]. SPE Reservoir Evaluation & Engineering, 2009, 12 (1): 48-52.

[93] Mayerhofer M J, Lolon E P, Warpinski N R, et al. What is stimulated rock volume ? [C]. SPE, 2008, 119890.

[94] McDaniel B W. Horizontal wells with multi-stage fracs provide better economics for many lower permeability reservoirs [C]. SPE, 2010, 133427.

[95] Middleton R S, Gupta R, Hyman J D, et al. The shale gas revolution : Barriers, sustainability, and emerging opportunities [J]. Applied energy, 2017, 199: 88-95.

[96] Mirzaei M, Cipolla C L. A workflow for modeling and simulation of hydraulic fractures in unconventional gas reservoirs [C]. SPE, 2012, 153022.

[97] Miskimins J L. Design and life-cycle considerations for unconventional-reservoir wells [J]. SPE Production & Operations, 2009, 24 (2): 353-359.

[98] Mullen J, Lowry J C, Nwabuoku K C. Lessons learned developing the Eagle Ford shale [C]. SPE, 2010, 138446.

[99] Nelson S G, Huff C D. Horizontal Woodford Shale completion cementing practices in the Arkoma Basin, southeast Oklahoma : A case history [C]. SPE, 2009, 120474.

[100] Nieto J, Bercha R, Chan J. Shale gas petrophysics-montney and muskwa, are they Barnett look-alikes ? [C]. SPWLA, 2009, 2009-84918.

[101] Oldenburg C M, Benson S M. CO_2 enhanced gas recovery studied for an example gas reservoir [C]. SPE, 2002, 74367.

[102] Paktinat J, Pinkhouse J A, Johnson N, et al. Case study : Optimizing hydraulic fracturing performance in northeastern United States fractured shale formations [C]. SPE, 2006, 104306.

［103］Passey Q R, Bohacs K, Esch W L, et al. From oil-prone source rock to gas-producing shale reservoir-geologic and petrophysical characterization of unconventional shale gas reservoirs［C］. SPE, 2010, 131350.

［104］Passey Q R, Creaney S, Kulla J B, et al. A practical model for organic richness from porosity and resistivity logs［J］. AAPG Bulletin, 1990, 74（12）: 1777-1794.

［105］Petrusak R, Riestenberg D, Goad P, et al. World class CO_2 sequestration potential in saline formations, oil and gas fields, coal, and shale: the US southeast regional carbon sequestration partnership has it all［C］. SPE, 2009, 126619.

［106］Quinn T H, Dwyer J, Wolfe C, et al. Formation evaluation logging while drilling（LWD）in unconventional reservoirs for production optimization［C］. SPE, 2008, 119227.

［107］Reeves S R, Kuuskraa V A, Hill D G. New Basins Invigorate U. S. Gas Shales Play［J］. Oil and Gas Journal, 1996, 94（4）: 53-58.

［108］Rickman R, Mullen M, Petre E, et al. A practical use of shale petrophysics for stimulation design optimization: All shale plays are not clones of the Barnett Shale［C］. SPE, 2008, 115258.

［109］Robert A W, Ahmed H E B, Mauricio E V, et al. Production analysis of linear flow into fractured tight gas wells［C］. SPE, 1998, 39931.

［110］Roussel N P, Sharma M M. Optimizing fracture spacing and sequencing in horizontal well fracturing［J］. SPE Production & Operations, 2011, 26（2）: 173-184.

［111］Schein G W, Carr P D, Canan P A, et al. Ultra lightweight proppants: Their use and application in the Barnett Shale［C］. SPE, 2004, 90838.

［112］Schepers K C, Nuttall B, Oudinot A Y, et al. Reservoir modeling and simulation of the devonian gas shale of eastern Kentucky for enhanced gas recovery and CO_2 storage［C］. SPE, 2009, 126620.

［113］Schweitzer R, Bilgesu H I. The role of economics on well and fracture design completions of Marcellus Shale wells［C］. SPE, 2009, 125975.

［114］Searcy T, Abaseyev S, Chesnokov E, et al. Microearthquake investigations in the barnett shale, newark east field, wise county, Texas［C］. SEG, 2006, 2005-0166.

［115］Shirley K. Shale gas exciting again［J］. AAPG explorer, 2001, 22（3）: 24-25.

［116］Siebrits E, Elbel J L, Hoover R S, et al. Refracture reorientation enhances gas production in Barnett shale tight gas wells［C］. SPE, 2010, 63030.

［117］Snyder D J, Seale R. Optimization of completions in unconventional reservoirs for ultimate recovery-case studies［C］. SPE, 2011, 143066.

［118］Snyder D, Seale R. Comparison of production results from open hole and cemented multistage completions in the Marcellus shale［C］. SPE, 2012, 155095.

［119］Spears R, Jackson S L. Development of a predictive tool for estimating well performance in horizontal shale gas wells in the Barnett Shale, North Texas, USA［J］. Petrophysics-The SPWLA Journal of

Formation Evaluation and Reservoir Description, 2009, 50（1）.

［120］Syfan F E, Newman S C, Meyer B R, et al. Case history: G-function analysis proves beneficial in Barnett Shale application［C］. SPE, 2007, 110091.

［121］Tahmasebi P, Javadpour F, Sahimi M. Data mining and machine learning for identifying sweet spots in shale reservoirs［J］. Expert Systems with Applications, 2017, 88: 435-447.

［122］Theodori G L. Public perception of the natural gas industry: insights from two Barnett Shale counties ［C］. SPE, 2008, 115917.

［123］Thompson A, Rich J, Ammerman M. Fracture characterization through the use of azimuthally sectored attribute volumes［C］. SEG, 2010, 2010-1433.

［124］Tian Y, Ayers Y B. Barnett Shale（Mississippian）, Fort Worth Basin, Texas: Regional variations in gas and oil production and reservoir properties［C］. SPE, 2010. 137766.

［125］Segatto M, Colombo I. Use of Reservoir Simulation to Help Gas Shale Reserves Estimation［C］. IPTC, 2011, 14798.

［126］Uzoh C, Han J, Hu L, et al. Economic optimization analysis of the development process on a field in the Barnett shale formation［J］. University Park, PA: Pennsylvania State University, 2010.

［127］Valkó P P. Assigning value to stimulation in the Barnett Shale: a simultaneous analysis of 7000 plus production hystories and well completion records［C］. SPE, 2009, 119369.

［128］Vernik L. Geomechanics control of hydraulic fracture stimulations［C］. SEG, 2011, 2011-3710.

［129］Walls W D. An econometric analysis of the market for natural gas futures［J］. The Energy Journal, 1995, 16(1): 71-83.

［130］Walsh J, Sinha B, Plona T, et al. Derivation of anisotropy parameters in a shale using borehole sonic data［C］. AMRA, 2007, 268-272.

［131］Warpinski N R R, Du J, Zimmer U. Measurements of hydraulic-fracture-induced seismicity in gas shales［J］. SPE Production & Operations, 2012, 27（3）: 240-252.

［132］Warpinski N R, Mayerhofer M J, Vincent M C, et al. Stimulating unconventional reservoirs: maximizing network growth while optimizing fracture conductivity［C］. SPE, 2009. 114173.

［133］Warren J E, Root P J. The behavior of naturally fractured reservoirs［C］. SPE, 1963, 426.

［134］Waters G A, Heinze J R, Jackson R, et al. Use of horizontal well image tools to optimize Barnett Shale reservoir exploitation［C］. SPE, 2006, 103202.

［135］Wessels S, Kratz M, De La Pena A. Identifying fault activation during hydraulic stimulation in the Barnett shale: Source mechanisms, b values, and energy release analyses of microseismicity［C］. SEG, 2010, 20111463.

［136］Wilson K C, Durlofsky L J. Computational optimization of shale resource development using reduced-physics surrogate models［C］. SPE, 2012, 152946.

［137］Wolhart S. Hydraulic Fracturing Re-Stimulation［C］. SPE, 2002, 101458.

[138] Wright J D. Economic evaluation of shale gas reservoirs [C]. SPE, 2008, 119899.

[139] Wutherich K D, Walker K J. Designing completions in horizontal shale gas wells-Perforation strategies [C]. SPE, 2012, 155485.

[140] Xiao Y, Van den Bosch R, Liu F, et al. Evaluation in data rich Fayetteville Shale Gas plays-integrating physicsbased reservoir simulations with data driven approaches for uncertainty reduction [C]. IPTC, 2012, 14940.

[141] Yu J P, Yang J R. Development of composite reservoir model for heterogeneous reservoir studies [C]. SPE, 1990, 21266.

[142] Zhang K, Zhang B, Kwiatkowski J T, et al. Seismic azimuthal impedance anisotropy in the Barnett Shale [C]. SEG, 2010, 2010-0273.

[143] Zhao H, Givens N B, Curtis B. Thermal maturity of the Barnett Shale determined from well-log analysis [J]. AAPG bulletin, 2007, 91 (4): 535-549.